Pocket Power

Hans-Joachim Pfeufer

FMEA – Fehler-Möglichkeits- und Einfluss-Analyse

HANSER

Bibliografische Information der Deutschen Nationalbibliothek
Die Deutsche Nationalbibliothek verzeichnet diese Publikation in der Deutschen Nationalbibliografie; detaillierte bibliografische Daten sind im Internet über http://dnb.d-nb.de abrufbar.

http://www.hanser-fachbuch.de

Lektorat: Lisa Hoffmann-Bäuml
Herstellung: Andrea Reffke
Layout: Der Buchmacher, Arthur Lenner, München
Umschlaggestaltung: Parzhuber & Partner GmbH, München
Umschlagrealisation: Stephan Rönigk
Druck und Bindung: Kösel, Krugzell
Printed in Germany

ISBN 978-3-446-44253-5
E-Book-ISBN 978-3-446-44170-5

Inhalt

1	**Einleitung**	5
1.1	Einteilung der Risikoanalysen	8
1.2	Die Fehler-Möglichkeits- und Einfluss-Analyse (Failure Mode and Effects Analysis – FMEA)	10
1.2	Begriffsdefinitionen zur FMEA	14
	1.2.1 Das System und die Fehleranalyse	18
	1.2.2 Produkt-FMEA und Prozess-FMEA	18
2	**Die FMEA-Methode: Phasenmodell DAMUK**	23
2.1	D. Definitionsphase	25
2.2	A. Analysephase	34
	2.2.1 1. Schritt: Strukturanalyse	39
	2.2.2 2. Schritt: Funktionsanalyse	40
	2.2.3 3. Schritt: Fehleranalyse	41
	2.2.4 4. Schritt: Maßnahmenanalyse	42
	2.2.5 5. Schritt: Optimierung	54
2.3	M. Maßnahmenentscheidung	57
2.4	U. Umsetzung	61
2.5	K. Kommunikation	64
3	**Praxisbeispiel Produkt-FMEA**	69
3.1	1. Schritt: Strukturanalyse „Fahrrad"	69
3.2	2. Schritt: Funktionsanalyse	69
3.3	3. Schritt: Fehleranalyse „Glocke"	71
3.4	4. Schritt: Maßnahmenanalyse	74
3.5	5. Schritt: Optimierung	81
4	**Praxisbeispiel Prozess-FMEA**	87
4.1	1. Schritt: Strukturanalyse „Klöppelherstellung"	88
4.2	2. Schritt: Funktionsanalyse	88
4.3	3. Schritt: Fehleranalyse „Klöppelherstellung"	88
4.4	4. Schritt: Maßnahmenanalyse	91
4.5	5. Schritt: Optimierung durchführen	98

5 Aufwand und Nutzen 103

6 Einführung und Schulung der FMEA 109

6.1 Voraussetzungen 109
6.1.1 Beschluss der Geschäftsleitung 109
6.1.2 Information der Führungskräfte 110
6.1.3 Schulung der Moderatoren 110
6.1.4 Methodische Ausbildung der Anwender 111
6.2 Anwendung 111
6.2.1 Allgemeines 111
6.2.2 Unterstützende Maßnahmen 113

Literatur 115

1 Einleitung

WORUM GEHT ES?

Die Methode der FMEA – Fehler-Möglichkeits- und Einfluss-Analyse (Schreibweise des VDA e.V.) wird seit Jahren im Rahmen der Risikoanalyse in den verschiedensten Industriebereichen angewandt. Die ersten Einsatzgebiete lagen dabei traditionell in der Produktentwicklung. Davon ausgehend erfolgte die Einbindung der Fertigungsprozessplanung und der Produktion. In der Automobilindustrie ist die gemeinsame Erstellung der FMEA für Produkte und Prozesse durch Kunde, Lieferant und Unterlieferant heute selbstverständlicher Bestandteil der Zusammenarbeit.

Der Anwender wird durch die „5 Schritte zur Erstellung der FMEA" geführt und unterstützt. Die Beurteilung einer FMEA durch das Management beginnt mit dem letzten Schritt der Analyse, dem fünften Schritt, Optimierung. Dies ist das Ergebnis der Analyse, das im FMEA-Formblatt dargestellt ist. Hier werden die Risiken und die Optimierungen des Produktes oder des Prozesses aufgezeigt. Die einzelnen Bewertungen zu Bedeutung, Auftretens- und Entdeckungswahrscheinlichkeit sind zu diskutieren. Die sich aus dem Produkt der einzelnen Bewertungen ergebende Risikoprioritätszahl ist nicht mehr der alleinige Gradmesser der Robustheit eines Produktes oder eines Prozesses.

WAS BRINGT ES?

Von den ersten Anwendungen bis zur heutigen Durchführung wurde die Methode erheblich weiterentwickelt. Der vorliegende Beitrag beinhaltet den modifizierten Analysenaufbau und verkörpert den aktuellen Stand der Methode.

Mit der Ausdehnung des Begriffs „Qualität“ auch auf Dienstleistungen – und insbesondere auf unternehmensinterne Zusammenarbeit – erfasst das moderne Qualitätsmanagement alle Funktionen im Unternehmen. Das Bewusstsein, dass Nichtqualität entgangener Ertrag ist, hat dazu geführt, dass Qualität höchste Priorität in den Unternehmenszielen genießt.

Eine konsequente Ausrichtung auf die Anforderungen der Kunden – intern wie extern – setzt wesentliches Potenzial für die Verbesserung der Wettbewerbsfähigkeit frei. Es gilt, in allen Funktionen und Prozessen das Bewusstsein dafür zu schärfen, dass der Weg zu fehlerfreien und kundenorientierten Produkten und Dienstleistungen nur über das Prinzip der ständigen Verbesserung erreicht werden kann. Jeder Schritt zur Verbesserung muss sorgfältig definiert und in der Umsetzung gemessen und bewertet werden.

WIE GEHE ICH VOR?

Von zentraler Bedeutung ist dabei das Fehlervermeidungsprinzip, da Qualität nicht herausgeprüft werden kann, sondern konzipiert, entwickelt, geplant und produziert werden muss. Dieser präventive Grundsatz wird durch drei wesentliche Elemente realisiert: das Qualitätsmanagementsystem, das methodische Qualitätsmanagement und die konsequente Nutzung der Werkzeuge zur Fehlervermeidung.

Im Mittelpunkt steht das Qualitätsbewusstsein jedes einzelnen Mitarbeiters. Das Qualitätsmanagement hat den Charakter eines gesonderten Fachgebietes für Spezialisten aufgegeben. Sichern der Qualität hat sich zum selbstverständlichen Arbeitsinhalt jedes Einzelnen entwickelt.

Der folgende Projektablaufplan der Qualitätssicherungs-

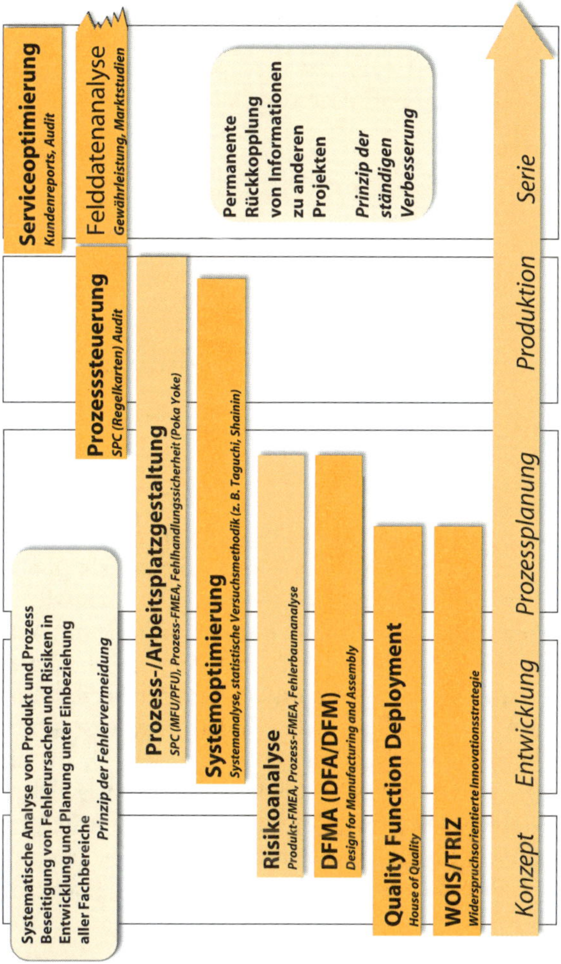

Bild 1: *Methodeneinsatz in den Produktentwicklungsphasen*

aktivitäten stellt dar, wann welche Methoden des Total Quality Management (TQM) während Entwicklung und Planung erforderlich sind und wann ihr Vorhandensein vom Qualitätssicherungssystem gefordert wird (Bild 1, S. 7).

1.1 Einteilung der Risikoanalysen

WORUM GEHT ES?

Bedingt durch die Komplexität und den hohen Grad an Innovation sind die Risiko- und Zuverlässigkeitsanalysen und die daraus resultierenden Forderungen an das Qualitätsmanagement nicht voneinander zu trennen.

WAS BRINGT ES?

Risikoanalysen dienen in erster Linie der rechtzeitigen Erkennung und Beseitigung von Systemschwachstellen sowie der Durchführung von Vergleichsstudien. Risikoanalysen erlauben es, notwendige Sicherheitsmaßnahmen, deren Wirksamkeit und das verbleibende Risiko im Falle des Auftretens von Fehlern im System zu beurteilen. Aufgabe dieser Verfahren ist nicht nur, die Wahrscheinlichkeit für das Auftreten von Ausfällen zu ermitteln, sondern auch das Aufzeigen von möglichen Folgen aus einem Versagen, die für die Bewertung eines Schadens bzw. eines Unfallablaufes herangezogen werden. Das Risiko ist eine Funktion sowohl der Wahrscheinlichkeit eines Problems als auch seiner Konsequenzen. Daher interessieren in Risikoanalysen stets zwei Größen:

- die Eintrittshäufigkeit und
- die Folgen eines Systemausfalls.

WIE GEHE ICH VOR?

In Bild 2 ist die Einteilung der gebräuchlichsten technischen und nicht technischen Risikoanalysen wiedergegeben.

Die Praxis zeigt, dass bei der Forderung nach Risikoanalysen unterschiedliche Aufgabenstellungen existieren, die unterschiedliche Ansätze erfordern.

Bild 3 (s. S. 10) stellt für die beiden bewährten und sich ergänzenden Methoden der Fehlerbaumanalyse (FTA) und der Fehler-Möglichkeits- und Einfluss-Analyse (FMEA) die jeweilige Wirkrichtung dar. Während die FTA ausgehend von einem Ausfall die Ursache sucht, geht die FMEA von der Ursache aus und ordnet ihr die Wirkung, den Ausfall zu.

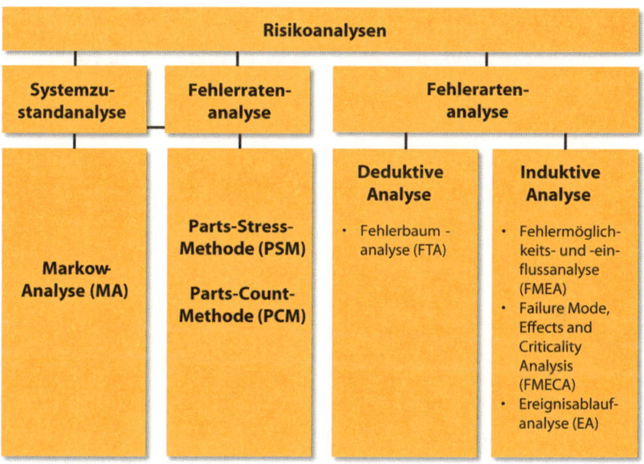

Bild 2: *Einteilung der gebräuchlichsten Risikoanalysen*

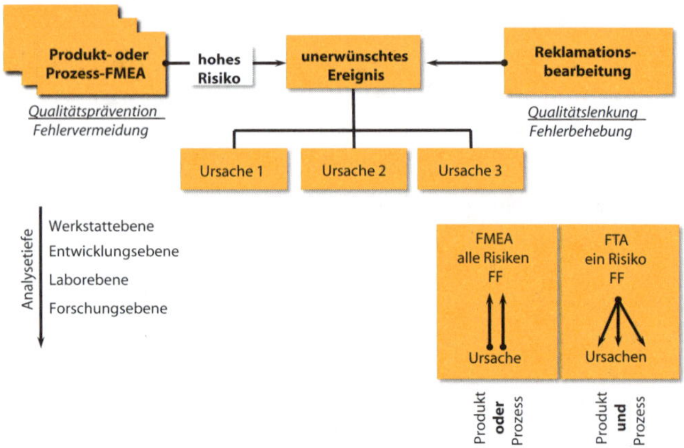

Bild 3: *Zusammenwirken von FMEA und FTA*

> Die FMEA betrachtet die Auslegung oder die Herstellung eines Produkts. Bei der FTA werden die Verknüpfung von verschiedenen Ereignissen und deren Auswirkung betrachtet. Hier werden Auslegung und Herstellung verknüpft.

1.2 Die Fehler-Möglichkeits- und Einfluss-Analyse (Failure Mode and Effects Analysis – FMEA)

WORUM GEHT ES?

Bei der FMEA handelt es sich um eine in die Fachbereiche der Produkt-, Prozess- und Dienstleistungserstellung integrierte entwicklungs- und planungsbegleitende Risikoanalyse. FMEA ist ein wichtiges methodisches Instrument, um frühzeitig mögliche Fehler, deren Ursachen und Folgen, insbesondere bei neuen Konzepten, zu erkennen und diese zu vermeiden.

Mit der FMEA wird während der Entwicklungs- und Planungsphase von Produkten und Prozessen die Entwicklungs- und Planungsreife hinterfragt und bewertet. Die FMEA ist damit ein möglicher „Reifegradmonitor“ und ein wichtiges Managementinstrument, das die interdisziplinäre Zusammenarbeit unterstützt. Die FMEA zeigt an allen kritischen Stellen im Konzept auf, wie durch Erfahrung, Berechnung, Erprobung und Prüfung je nach Projektfortschritt das Risiko bereits ausreichend gesenkt wurde oder künftig noch gesenkt werden muss.

Die FMEA wurde Mitte der 60er-Jahre in den USA von der NASA für das Apollo-Projekt entwickelt. Nach der ursprünglichen Anwendung der Methode in der Luft- und Raumfahrt sowie der Kerntechnik erfolgte bald ihre Nutzung in der Automobilindustrie. Die FMEA findet inzwischen breite Anwendung in den USA und in Europa. Sie ist heute bei vielen Automobilherstellern und Lieferanten fester Bestandteil von Qualitätssicherungssystemen und wird zunehmend gefordert.

Historie der FMEA

- Apollo-Projekt
- Luft- und Raumfahrt
- Kerntechnik
- Automobilindustrie
- Medizintechnik
- Nachrichtentechnik
- Nichttechnische Bereiche

WAS BRINGT ES?

Die im Folgenden beschriebenen Inhalte zur FMEA stellen einen aktuellen Stand von Anwendern in der Automobilindustrie, ergänzt um Erfahrungen in der elektrotechnischen Industrie, dar und werden hier teilweise erstmals dargestellt. Es werden als Voraussetzung für das grundsätzliche Verständnis einleitend die theoretischen Grundlagen der **FMEA in Systemen** beschrieben.

Die FMEA unterstützt die Team- und Projektarbeit vor allem durch die konsequente Strukturierung der Fehlermöglichkeiten eines Systems.

Der Zweck der FMEA ist,

- Risiken zu erkennen,
- Risiken zu bewerten und
- Risiken zu vermeiden.

Die strukturierte Dokumentation der FMEA kann für nachgeschaltete Aufgaben im Sinne von „Total Quality“ genutzt werden, beispielsweise für Diagnose und Wartung und den Dialog mit dem Gesetzgeber (z. B. Typprüfung oder Produkthaftung). Bei späteren Weiter- und Neuentwicklungen unterstützt die Dokumentation die Einarbeitung in das System und in die Fehlervermeidung.

WIE GEHE ICH VOR?

Die Erstellung der FMEA sollte zum frühestmöglichen Zeitpunkt erfolgen. Der prinzipielle Einsatz der FMEA in den einzelnen Produktphasen ist in Bild 4 dargestellt.

Als „lebendes Dokument“ ist die FMEA in festzulegenden Zeitabständen auf den neuesten Stand zu bringen und bei Änderungen am Produkt oder Prozess im Rahmen der Serienbetreuung zu überarbeiten.

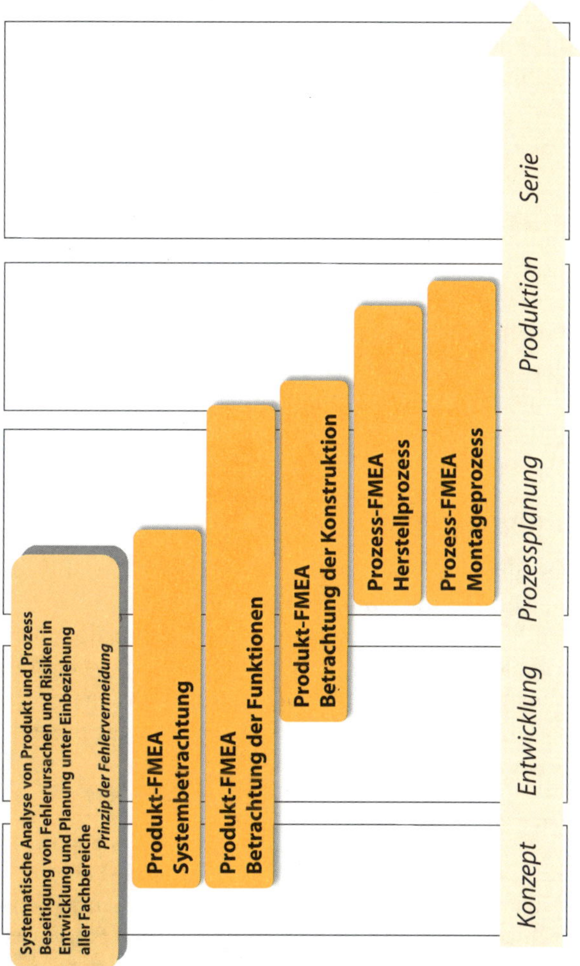

Bild 4: *Prinzipieller Einsatz der FMEA*

Bild 5 zeigt die Zeitpunkte für Beginn und Ende der FMEA-Erstellung im Produktentwicklungsprozess über die Meilensteine.

1.2 Begriffsdefinitionen zur FMEA

WORUM GEHT ES?

Klassische Einsatzfelder der FMEA sind die Produktentwicklung und die Prozessplanung. Darüber hinaus ist die FMEA für alle funktionalen und ablauforientierten Systeme anwendbar. Wichtig ist bei der Durchführung der FMEA das konsequente Vorgehen in strukturierten Systemen. Es stellt die Grundlage für die Festlegung von Vorgehensweisen zur Erstellung von Produkt-FMEA und Prozess-FMEA dar.

WAS BRINGT ES?

Es wird unterschieden nach der **Produkt-FMEA** (Bild 6, S. 16), welche die **funktionalen Zusammenhänge** des betrachteten Systems bis in die Merkmale der Bauteile untersucht, und nach der **Prozess-FMEA** (Bild 7, S. 16), welche die Abläufe zur Herstellung des betrachteten Systems analysiert. Daraus folgt, dass die Produkt-FMEA die bisherige System- und Konstruktions-FMEA umfasst.

WIE GEHE ICH VOR?

Die Produkt-FMEA betrachtet die möglichen Fehlfunktionen von Produktsystemen aus mehreren Bauteilen als Fehler. Die Fehleranalysen gehen stufenweise bis in die Fehler der Bauteile.

Diese Vorgehensweise für Produkte lässt sich auf Prozesse

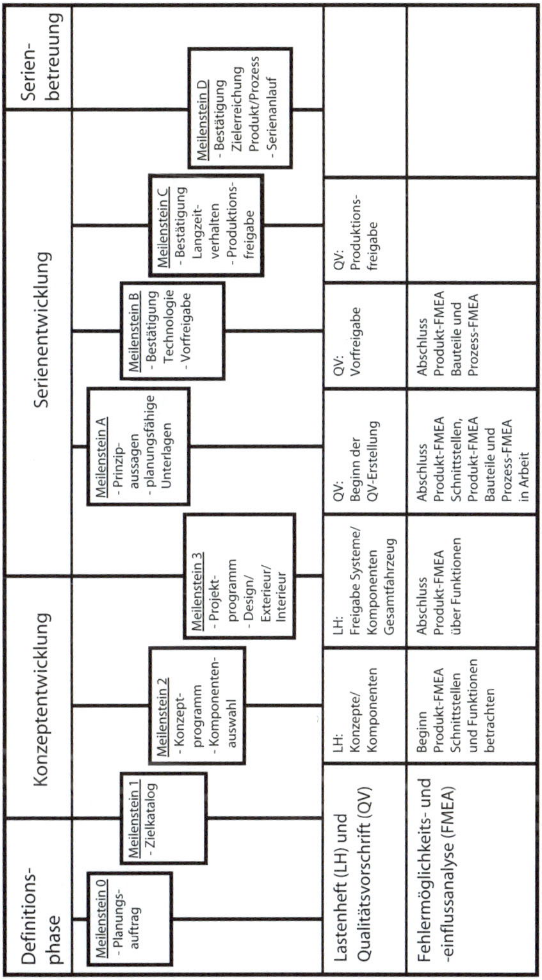

Bild 5: *Meilensteine im Produktentwicklungsprozess*

Produkt	[Kolben]	[Kolbenringnut]	[Merkmale Kolbenringnut]	Fehlerfolge (FF)
Funktion	Dichtelement bilden	Dichtelement aufnehmen	Nutgrunddurchmesser festlegen (Konzept)	Fehler (F)
Fehlfunktion	Dichtelement nicht gebildet	Dichtelement nicht aufgenommen	Nutgrunddurchmesser zu klein (Konzept)	Fehlerursache (FU)

Bild 6: *Produkt-FMEA*

Prozess	[Merkmale Kolbenringnut]	[Schleifen]	[Schnittdruck]	Fehlerfolge (FF)
Ablauf	Nutgrunddurchmesser festlegen (Prozess)	Auf Nutgrunddurchmesser schleifen	Rohling einspannen	Fehlablauf (F)
Fehlfunktion	Nutgrunddurchmesser zu klein (Prozess)	Schleiffehler	Rohling lose	Fehlerursache (FU)

Bild 7: *Prozess-FMEA*

übertragen. Die Prozess-FMEA betrachtet die Fehlabläufe eines Produktionssystems, das aus mehreren Systemelementen besteht, als mögliche Fehler. Fehler von Prozessen sind z.B. fehlerhafte Fertigungs- oder Montageschritte. Bei der Prozess-FMEA wird der Prozess in der Produktionsstätte betrachtet. Stufenweise Fehlerbetrachtungen bis hin zu Auslegungsdaten von Fertigungseinrichtungen werden dabei noch nicht durchgeführt.

Die weiterführende Betrachtung entspricht der Vorgehensweise in einer Produkt-FMEA.

Die Inhalte der klassischen **Fehleranalyse einer Konstruktions-FMEA** dienen als Basis für die Durchführung einer FMEA.

Das Bauteil wird als Element eines Systems interpretiert. Dies ist z.B. die Kugel eines Kugellagers.

Als mögliche Fehler (F) werden die physikalischen Ausfälle, z. B. „Dichtelement nicht aufgenommen", bei der Kolbenringnut untersucht.

Die **Fehlerursachen (FU)** werden für jeden möglichen Fehler eines Bauteils in dessen Auslegungsdaten „Merkmale Kolbenringnut 1" gesucht, z. B. „Nutgrunddurchmesser zu klein (Konzept)".

Die **Fehlerfolgen (FF),** wie z. B. die Folgen einer fehlerhaften Kolbenringnut, führen über die Fehlfunktionen des Kolbens über die Kausalkette letztlich zum Liegenbleiben des Fahrzeugs.

Die Übertragung dieser drei Inhalte auf die **Fehleranalyse eines Systems** lässt sich in mehreren Ebenen darstellen:

- Ein abgegrenzter Systemumfang, der aus mehreren Bauteilen bzw. Teilbereichen besteht, z. B. der „Zentralbereich Kolben", wird betrachtet. Wenn dieser Systemumfang seine Funktionen nicht im Einsatz erfüllt, werden diese Fehlfunktionen, z. B. „Brennraum zum Kurbelgehäuse undicht", als Fehler (F) einer Produkt-FMEA interpretiert.
- Die Fehlerursachen (FU) des Fehlers (F) werden in Fehlfunktionen von weiter detaillierten Systemumfängen gesucht, z. B. in der Fehlfunktion „Dichtelement nicht gebildet" des Kolbens.
- Die Fehlerfolgen (FF) des Fehlers (F) führen wie bei der Konstruktions-FMEA auch bei der Fehleranalyse des betrachteten Umfangs zu Fehlfunktionen von anderen und übergeordneten Umfängen bis zum Gesamtsystem „Fahrzeug", z. B. „Brennraum undicht", „Motor defekt".

1.2.1 Das System und die Fehleranalyse

Voraussetzung für die Erstellung der FMEA in Systemen ist:

- Die Strukturierung des Systems in mehrere Ebenen und darüber hinaus das Aufzeigen von Vernetzungen (Schnittstellen) der Ebenen auch über die Systemgrenzen hinweg.
- Darauf aufbauend lassen sich Systemausfälle unterschiedlich differenziert beleuchten und Fehlerfolgen-, Fehler- und Fehlerursachenketten entwickeln. Es ergibt sich die eindeutig zugeordnete Fehlerbeschreibung für jedes festgelegte Systemelement des Systems.

Die Fehlerbeschreibungen werden für jedes betrachtete Systemelement, unabhängig von seiner Komplexität, erstellt. Die Fehler eines Systemelements werden aus ihren zuvor beschriebenen Funktionen bzw. Aufgaben abgeleitet. Für jedes Systemelement werden so die denkbaren Fehlfunktionen gefunden. Die anschließende Verknüpfung der Fehlfunktionen unterschiedlicher Systemelemente (SE) führt zu den in der Fehleranalyse geforderten Fehlerfolgen, Fehlern und Fehlerursachen.

1.2.2 Produkt-FMEA und Prozess-FMEA

Die Festlegung und Beschreibung von Schnittstellen zwischen FMEA auf unterschiedlichen Ebenen ist Voraussetzung für die durchgängige Bearbeitung komplexer Systeme. Mithilfe der Schnittstellen wird bei umfangreichen FMEAs eine übersichtliche und sinnvolle Arbeitsteilung erreicht. Weiter werden die Abgrenzung und die Verknüpfungen von FMEAs auf unterschiedlichen Betrachtungsebenen anhand ihrer Schnittstellen möglich.

- In der FMEA, Ebene 1, werden die Fehlfunktionen des SE als Fehlerursachen (FU) bezeichnet.
- Bei der FMEA, Ebene 2, werden diese Fehlfunktionen dieses SE als Fehler (F) betrachtet.
- Die FMEA, Ebene 3, übernimmt diese Fehlfunktionen des SE als Fehlerfolgen (FF).

An dieser beschriebenen Schnittstelle wird die Analyse der Fehlfunktionen eines SE in maximal drei unterschiedlich tief gehende FMEAs eingebunden.

Damit wird es möglich, die Produkt-FMEA und die Prozess-FMEA als effektive Werkzeuge zur Überwindung von Schnittstellen zwischen der Produktentwicklung und der Fertigungsprozessplanung einzusetzen, auch zwischen Lieferanten und Abnehmern. Wichtig ist es dabei, von den Funktionen einzelner Bauteile und ihrer Merkmale eine Übertragung auf die zugehörigen Prozessparameter, die fähig und beherrscht sein müssen, zu schaffen. Dies schließt die Betrachtung der Betriebsmittel (Maschinen, Vorrichtungen und Anlagen) und die Arbeitsplatzgestaltung mit ein (Bild 8, S. 20).

In Bild 9 (s. S. 21) wird die Schnittstelle zwischen Produkt-FMEA und Prozess-FMEA detailliert am Merkmal Nutgrunddurchmesser der Kolbenringnut aufgezeigt.

In der Produkt-FMEA stehen die Merkmale der Kolbenringnut in der Fehlerursachenebene. Hier wird der Nutgrunddurchmesser konstruktiv festgelegt.

In der Prozess-FMEA wird das Merkmal Nutgrunddurchmesser der Kolbenringnut für das Herstellen festgelegt und steht in der Fehlerfolgenebene.

Struktur	Systemelement	Fehlfunktion
Produkt	Fahrzeug	Fahrzeug bleibt liegen
Funktionsträger	Motor	Motor defekt
Konstruktionsgruppe	Kurbeltrieb	Brennraum undicht
Untersystem	ZB Kolben	Brennraum zum Kurbelgehäuse undicht
Baugruppe	Kolben	Dichtelement nicht gebildet
Bauteil	Kolbenringnut	Dichtelement nicht aufgenommen
Merkmale Eigenschaften	Merkmale Kolbenringnut	Nutgrunddurchmesser zu klein Produkt/Prozess
Prozessschritt	Schleifen	Schleiffehler
Prozessparameter	Einspannung	Rohling lose

Ebene 1 Produkt-FMEA

Ebene 2 Produkt-FMEA

Ebene 3 Produkt-FMEA (Konstruktion)

Ebene 1 Prozess-FMEA

Ebene 1 Produkt-FMEA (Maschine)

Bild 8: *Schnittstelle der Produkt-FMEA und Prozess-FMEA mit Beispielen*

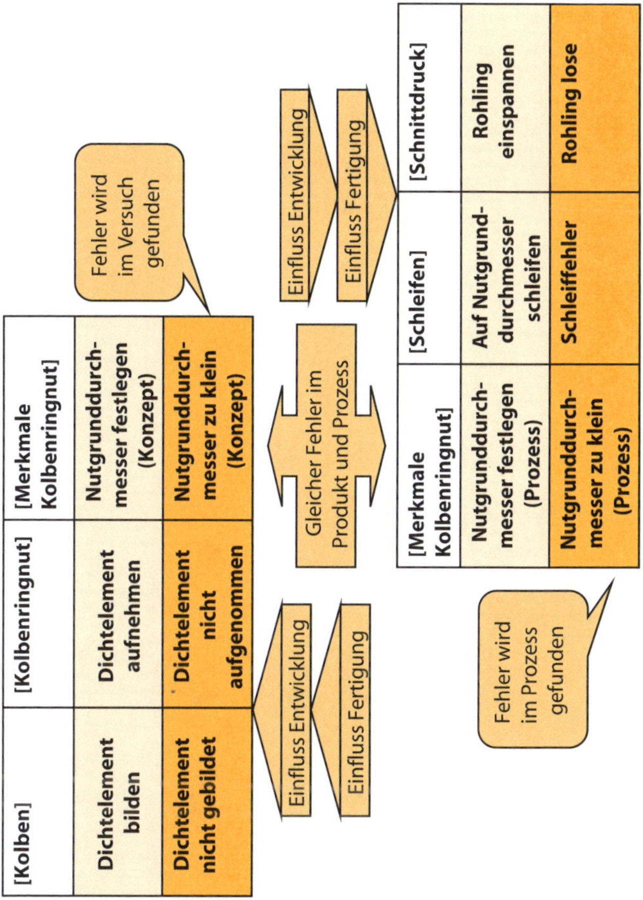

Bild 9: *Detaillierte Schnittstelle der Produkt-FMEA und Prozess-FMEA*

2 Die FMEA-Methode: Phasenmodell DAMUK

WORUM GEHT ES?

Das Phasenmodell DAMUK dient als Leitfaden für eine effiziente Bearbeitung der FMEA und Umsetzung der Methode im Unternehmen (Bild 10). Jedes Unternehmen kann aber auch sein eigenes Prozessmodell anwenden.

DAMUK-Modell mit der Gliederung:

- Definition: Vorbereitung und Systemdefinition.
- Analyse: Forderungen und Risiken systematisch ermitteln.
- Maßnahmenentscheidung: Maßnahmen und Vorgehensweise festlegen.

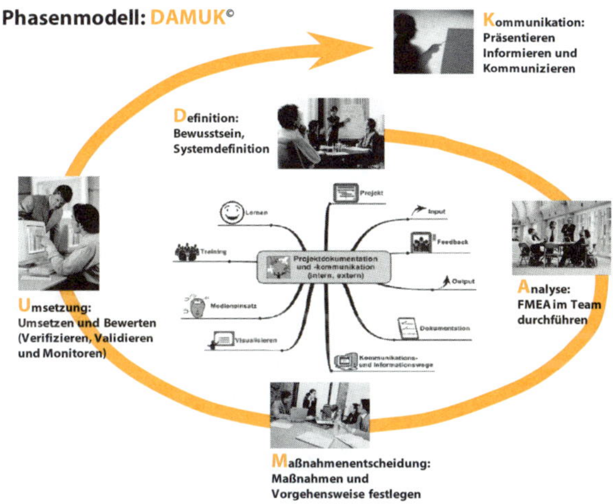

Bild 10: *Das Phasenmodell DAMUK©*

- Umsetzung: Umsetzen und Bewerten durch Verifizieren, Validieren und Monitoren.
- Kommunikation: Präsentieren und Kommunizieren.

WAS BRINGT ES?

Der aus der ISO 9001 und der ISO/TS 16949 bekannte prozessorientierte Ansatz wurde in die Vorgehensweise zur Durchführung der FMEA übernommen. Daraus ergibt sich für jede Phase der FMEA eine einheitliche Prozessdarstellung.

WIE GEHE ICH VOR?

Tabelle 1 zeigt den aus dem prozessorientierten Ansatz entwickelten „Steckbrief" der einzelnen Phasen.

Steckbrief	Phasenbeschreibung
▶ Ziel:	Das Ziel jeder Phase festlegen
▶ Zeitrahmen:	Den Start und den Zeitbedarf jeder Phase mit dem Projektplan abstimmen
▶ Eingabe:	Vereinbarungen und erforderliche Arbeitsunterlagen zum Start des Prozesses und im weiteren Verlauf die Ergebnisse aus der vorhergehenden Phase
▶ Prozess- und Teilschritte:	Die Unterteilung der Phase in einzelne Teilschritte
▶ Ergebnis:	Die Umwandlung der Eingaben durch die Teilschritte der einzelnen Phasen in Ergebnisse
▶ Verantwortung, Arbeitsumfang:	Aufgaben und Tätigkeiten der in den einzelnen Phasen, die von den benannten Verantwortlichen und Mitwirkenden durchzuführen sind

Steckbrief	Phasenbeschreibung
▶ Arbeitsmittel:	Die einsetzbaren Werkzeuge je nach Phase festlegen
▶ Unterstützende Methoden:	Unterstützende Methoden und Verfahren, welche die effiziente Durchführung der FMEA in der jeweiligen Phase unterstützen
▶ Risiken:	Risiken aufzeigen, die sich bei der Durchführung und Umsetzung in den Phasen bei Anwendung des prozessorientierten Ansatzes ergeben können
▶ Messgrößen:	Indikatoren und Kennzahlen, die sich auf eine Basis beziehen, die eine Bewertung der Phase bezüglich der Effektivität, d.h. die Wirksamkeit für den Kunden inklusive Kundenzufriedenheit, und der Effizienz, d.h. die Leistung der Phase, erlauben
▶ Kommunikation:	Die Ergebnisse der einzelnen Phasen mit den Zuständigen kommunizieren und für eine weitere Verwendung aufbereiten und dokumentieren

Tabelle 1: *Steckbrief – Phasenmodell DAMUK*

2.1 D. Definitionsphase

WORUM GEHT ES UND WAS BRINGT ES?

In der Definitionsphase werden die Grundlagen für die Abarbeitung der FMEA gelegt (Tabelle 2). Diese Phase trägt wesentlich zum Erfolg der FMEA bei.

Steckbrief	D. Definitionsphase
▶ Ziel:	Vorbereitung als Basis zur effizienten Abarbeitung/Durchführung der Analysephase festlegen
▶ Zeitrahmen:	Rechtzeitig vor der Analysephase (Start und Zeitbedarf abgestimmt mit Projektplan)
▶ Eingabe:	Vereinbarungen zu FMEA-Umfängen zwischen den Beteiligten am Projekt. Erforderliche Arbeitsunterlagen (Spezifikationen, Vorschriften usw.)
▶ Prozess- und Teilschritte:	Umsetzung der definierten Arbeitsumfänge der Definitionsphase
▶ Ergebnis:	Umfänge, siehe Teilschritte, klar definiert, verteilt und vom Vorbereitungsteam für den Start der Analysephase als ausreichend angesehen, dokumentiert und mit Auftraggeber abgestimmt
▶ Verantwortung, Arbeitsumfang:	Aufgabenumfänge der Definitionsphase den Verantwortlichen zuordnen (FMEA-Initiator und -Moderator, Produkt-/Prozessverantwortlicher usw.)
▶ Arbeitsmittel:	Art der FMEA-Dokumentation
▶ Unterstützende Methoden:	Methoden zur effizienten Durchführung der FMEA (systematische Moderation, Checklisten, Risikomatrix)
▶ Risiken:	Probleme, die bei nicht ausreichend umgesetzten Umfängen der Definitionsphase entstehen können
▶ Messgrößen:	Die Wirksamkeit der Definitionsphase anhand geeigneter Messgrößen nachweisen
▶ Kommunikation:	Kommunikationsinhalte und -wege definieren, Informationen über erforderliche Managemententscheidungen und relevante Probleme der Definitionsphase

Tabelle 2: *Steckbrief – Definitionsphase*

WIE GEHE ICH VOR?

Die FMEAs sollten von einer interdisziplinären Arbeitsgruppe für die Produkt-FMEA und für die Prozess-FMEA bestehend aus dem Verantwortlichen für das Projekt und den Experten aus den Bereichen Entwicklung, Konstruktion, Versuch, Planung, Fertigung, Produktion, Labor, Betriebsmittelplanung, Prüfplanung usw. sowie notwendigen weiteren Wissensträgern und Methodenspezialisten, erstellt werden, weil

- das Wissen und die Erfahrung von mehreren Mitarbeitern genutzt werden können,
- die Akzeptanz der erstellten FMEA steigt,
- die bereichsübergreifende Kommunikation und Zusammenarbeit gefördert wird und
- durch das Hinzuziehen von Methodenspezialisten die systematische und effiziente Bearbeitung sichergestellt wird.

Das FMEA-Team Produkt-FMEA

- Fachbereich (Initiator)
  „Reeder“: Projektleiter
- Verantwortlicher für das System-FMEA-Projekt
  „Kapitän“: Entwickler, Konstrukteur
- Experten
  „Mannschaft“: Versuchsingenieur, Musterbau, Prozessplaner, Qualitätssicherung, weitere Wissensträger (Laborant, Kunde, Lieferant usw.)
- Methodenspezialist System-FMEA
  „Lotse“: Methodiker

Das FMEA-Team Prozess-FMEA

- Fachbereich (Initiator)
  „Reeder“: Projektleiter
- Verantwortlicher für das System-FMEA-Projekt
  „Kapitän“: Prozessplaner, Arbeitsvorbereitung
- Experten
  „Mannschaft“: Fertiger, Produzent, Prüfplaner, Entwickler, Konstrukteur, Qualitätssicherung, weitere Wissensträger (Laborant, Kunde, Lieferant usw.)
- Methodenspezialist System-FMEA
  Lotse“: Methodiker

Die Teamzusammensetzung wird aufgabenspezifisch festgelegt. Alle Teammitglieder müssen über die Vorgehensweise bei der Erstellung einer FMEA informiert sein:

- Kenntnis der FMEA-Methode,
- Einbeziehung von Fachleuten aus unterschiedlichen Fachabteilungen sowie gegebenenfalls von Kunde und Lieferant,
- Team- und Kommunikationsfähigkeit,
- Einplanung der zeitlichen Kapazität,
- Unterstützung durch das Management,
- Anforderungsprofil,
- funktionale Anforderungen (fachliche Kenntnisse und Fertigkeiten am Arbeitsplatz),
- Anforderungen der jeweiligen Entscheidungsebene (Facharbeiter bis Manager),
- funktionsergänzende Anforderungen (Schlüsselqualifikationen wie Kreativität und Verantwortungsbewusstsein),
- Verhaltensanforderungen (Teamverhalten, Leistungsbereitschaft usw.).

Im Folgenden sind beispielhaft die möglichen, wechselnden Teamzusammensetzungen für die jeweiligen Aufgabenstellungen aufgeführt.

Aufgabenzuordnung im FMEA-Team zur Definitionsphase

F: Fachbereich (Initiator): Auftraggeber, z. B. Projektleiter
- Entscheidung über die Durchführung (Handlungsbedarf einer FMEA bzw. anderer Methoden),
- Verantwortlichen zur Durchführung der Definitionsphase festlegen (kann auch mit dem Funktionsverantwortlichen bzw. Auftraggeber/Projektleiter identisch sein),
- Unterstützung beim Sammeln von Informationen,
- Bereitstellung der Ressourcen.

V: Verantwortlicher: Durchführung der Definitionsphase
- Beschaffung der notwendigen Unterlagen und Informationen,
- Koordinieren und Organisation der Abläufe in der Definitionsphase,
- Themenabgrenzung, Schnittstellendefinition, Teambildung,
- Verantwortung für das Ergebnis der Definitionsphase.

M: FMEA-Moderator
- Mitwirkung bei der Teamzusammensetzung,
- Mitwirkung bei der Erstellung des Grobterminplans,
- Mitwirkung bei der Einladung zur ersten Teamsitzung für die Analysephase,
- Mitwirkung bei der Erstellung von Entscheidungsvorlagen/ Kriterien.

T: Teammitglieder
- Mitwirkung bei der Vorbereitung der FMEA (Themenabgrenzung, Schnittstellendefinition, Teambildung)
- Einbringen von Erfahrungen aus vergleichbaren FMEAs.

Das FMEA-Team sollte nicht zu groß sein. Eine gute Praxis ist, ein Basisteam aus vier bis fünf Mitarbeitern festzulegen und zu den fachspezifischen Themen, die das Basisteam nicht abdecken kann, die Wissensträger zeitlich befristet hinzuzuziehen.

Basisteam zur Produkt-FMEA/Prozess-FMEA

- Ein Mitarbeiter als Entwickler, Konstrukteur/Prozessplaner, Arbeitsvorbereitung
- Zwei bis drei Mitarbeiter als Versuchsingenieur, Musterbau/Fertiger, Produzent, Prüfplaner Qualitätssicherung
- Bei Bedarf Experten zum fachlichen Inhalt der FMEA-Sitzung, weitere Wissensträger (Laborant, Kunde, Lieferant usw.) hinzuziehen.
- Ein Mitarbeiter als Methodiker

Empfehlenswert ist es, bei der Fehlerursachenfindung z. B. auch die Werker, die im untersuchten Prozess oder in ähnlichen Prozessen tätig sind, als Wissensträger in das Team zu integrieren.

Bei bestehendem Projektmanagement wird das FMEA-Team in die Projektorganisation eingebunden.

Vorbereitung der FMEA

Bereits während der Definitionsphase in der Produktentwicklung sollten die jeweils zu realisierenden Systemfunktionen vom verantwortlichen Entwickler bzw. Planer zusammengestellt werden. In der ersten Teamsitzung sind grundsätzlich alle organisatorischen Fragen zu klären, wie z. B. die Dauer des FMEA-Projekts, der Turnus der Sitzungen, die terminliche Einbindung im Gesamtprojekt usw.

Notwendige Arbeitsunterlagen

- Projektterminplan, Spezifikationen mit ausreichender Detaillierung, dies sind z. B. Lastenhefte, Zeichnungen Systembeschreibung, Funktionsbeschreibungen, Komponenten, Vernetzung, Schnittstellen, Wechselwirkungen mit anderen Systemen und Umfeld, gesetzliche und behördliche Vorschriften, Kundenvorschriften, Kunden-/Lieferantenvereinbarung, Vorgaben für Qualitätsziele Produkt/Prozess, Sicherheitskonzept, Diagnose, Einsatzbedingungen, Einbausituation, Qualitätsvorschriften, interne Vorschriften und Vorgaben, Prozesse, Verfahrensanweisungen, Prüfanweisungen bzw. Änderungen der Umfänge;
- Stücklisten, Fertigungspläne, Montage- und Prüfpläne;
- Ergebnisse aus vorausgegangenen Analysen (z. B. Gefahrenanalyse, FTA, QFD), Verwendung von FMEAs;
- Nachweis über Erfahrungen aus Vergleichserzeugnissen/Vorgängerprodukten (z. B. Versuchsberichte, Fehlerlisten und Felderfahrung);
- gesetzliche Vorschriften, Verfahrensanweisungen, Qualitätsvorschriften, Qualitätszieldefinitionen, Verordnungen, Sicherheitsvorschriften, Normen, Typisierungsunterlagen;
- spezifische FMEA-Bewertungstabellen.

Die Arbeitsunterlagen müssen dem aktuellen Stand entsprechen.

Dem Team werden die vom Systemspezialisten erarbeiteten Unterlagen nach dem ersten und zweiten Schritt der FMEA, wie die Struktur des Systems, die Systemfunktionen, die Umgebungsbedingungen (wie z. B. Temperatureinflüsse, Staub, Spritzwasser, Salz, Vereisung, Schwingungen, elektrische Störungen), die Hilfsquellen des Systems usw., vorgestellt. Weitere Unterlagen, wie Lastenheft, Schaubilder, Skizzen, Versuchsberichte, Gewährleistungsdaten usw., sind für die Bearbeitung dem Team zur Verfügung zu stellen.

Zur effizienten Durchführung ist es empfehlenswert, vom Gesamtsystem in Richtung untergeordneter Systeme vorzugehen („top-down"). Nach Diskussion und Einstieg in die Thematik beginnt die Teamarbeit im dritten Schritt der FMEA mit der Fehleranalyse. Allgemein wird die Fehleranalyse in Form eines Brainstormings organisiert. Die Durchführung der FMEA kann durch weitere Hilfsmittel, wie z. B. dem Ursache-Wirkungs-Diagramm oder mittels einer Fehlerbaumanalyse, unterstützt werden.

Aufgabenverteilung unter Partnern in der FMEA

Ausgehend von höheren Systemebenen werden die Schnittstellen zu tieferen Systemebenen definiert. Dadurch wird eine klare Aufgabenverteilung bei der FMEA unter mehreren Partnern festgelegt.

Die Systemelemente an den Schnittstellen werden gemeinsam erarbeitet und abgestimmt. Die Betrachtung der Schnittstellen in der FMEA liegt in der Zuständigkeit des Kunden. Er ist für diesen Umfang insgesamt verantwortlich.

Der Lieferant verantwortet seine Anteile.

Bei der System-FMEA sind die Bewertungszahlen für die Bedeutung der Fehlerfolgen, die in höheren Systemebenen festgelegt werden, in tiefer liegenden Ebenen zu berücksichtigen, da die Bedeutung sich jeweils an der ungünstigsten Fehlerfolge („worst case") orientiert.

Der Umfang und die Bewertungstabellen sind zwischen Kunden und Lieferanten abzustimmen.

Grundsätzlich werden FMEAs von Lieferanten über die Schnittstellenbereiche hinaus nicht an den Kunden übergeben. Auf Anfrage werden die wesentlichen Ergebnisse präsentiert. In besonderen Fällen können Auszüge aus der FMEA übergeben werden.

Wird die FMEA gemeinsam von Lieferant und Kunde erstellt, wie dies beim Betrachten von Schnittstellen üblich ist, so ist diese FMEA gemeinsames Gut, und die gemeinsam erarbeiteten Ergebnisse stehen allen beteiligten Parteien zur Verfügung.

Know-how-Schutz und Wiederverwendung der FMEA

Aus Gründen des Know-how-Schutzes werden die vom Lieferanten erstellten Produkt-FMEAs oder Prozess-FMEAs grundsätzlich nicht an den Kunden herausgegeben, sofern keine andere vertragliche Vereinbarung getroffen wurde. Auf Anfrage werden die Ergebnisse präsentiert. Der Kunde kann sich bei Inspektionen davon überzeugen, dass für ihn relevante FMEAs erstellt wurden. Hierbei ist ähnlich vorzugehen wie bei archivierten Dokumentationen der Qualitätssicherung.

FMEA-Module sind Untersysteme, die mittels der FMEA-Methode betrachtet wurden, in sich abgeschlossen und für eine Wiederverwendung in einer neuen Analyse geeignet sind:

- Vorhandene FMEAs für bekannte Produkte und Prozesse werden in neuen Analysen genutzt. Damit wird der Aufwand reduziert.
- Die übernommenen Umfänge sind bezogen auf den jeweiligen Anwendungsfall kritisch zu überprüfen, insbesondere die Bewertungen mit den Erfahrungen aus der Anwendung.

EDV-Unterstützung

Die FMEA kann durch EDV-Einsatz effizienter durchgeführt werden:

- Systematische Bearbeitung wird unterstützt,
- Benutzerführung und Hilfestellungen sind möglich,
- Durchführen aller erforderlichen Vorarbeiten und Analysen ist vereinfacht,
- Unterstützen der Bearbeitung, z. B. beim Einfügen, Löschen, Kopieren usw.,
- Zugriffsmöglichkeiten auf bereits erstellte FMEAs durch Vernetzung von Einzelarbeitsplätzen mit systematischem Zugriffsschutz gegeben,
- selektiver Zugriff innerhalb einer FMEA ist durch Filterfunktionen möglich, z. B. nach Risikoprioritätszahl (RPZ), nach Einzelbewertungen usw.,
- Nutzen bereits vorhandener Daten, z. B. CAD-Konstruktionsdaten,
- Datenbanken mit bereits erstellten FMEAs verwalten,
- Einbinden von Standardmodulen.

2.2 A. Analysephase

WORUM GEHT ES UND WAS BRINGT ES?

Im Wesentlichen wird bei der FMEA zwischen der Produkt-FMEA, der Konstruktionsauslegung für Systeme/Teilsysteme, Baugruppen und -teile, und der Prozess-FMEA für sonstige Prozesse/Abläufe im Fertigungs-, Montage-, Logistikprozess usw. unterschieden.

Die Produkt-FMEA untersucht

- die Funktionstüchtigkeit eines Gesamtsystems,
- das Zusammenwirken der Komponenten,
- Schnittstellen mit Wechselwirkungen/Einflüssen sowie
- die Eigenschaften/Merkmale von Bauteilen hinsichtlich ihrer Eignung zur Erfüllung der Bauteilfunktionen.

Die Prozess-FMEA untersucht

- ganzheitlich den Gesamtprozess,
- das Zusammenwirken der Teilprozesse unter verschiedenen Prozesseinflussgrößen sowie
- Eigenschaften/Merkmale von Prozessen/Abläufen hinsichtlich ihrer Eignung zur Erfüllung der Prozessanforderungen.

Abgrenzung Produkt-FMEA zur Prozess-FMEA

- Die Produkt-FMEA untersucht unter anderem, ob der Herstell-/Montageprozess aus konstruktiver Sicht durchführbar ist.
- Die Prozess-FMEA untersucht, wie der Herstell-/Montageprozess durchgeführt wird.

Die Analysephase ist das Kernstück der FMEA (Tabelle 3). Hier wird die FMEA in fünf Schritten von der Struktur-, Funktions-, Fehlfunktions- und Maßnahmenanalyse bis zur Optimierung beschrieben. Das Ergebnis ist eine bewertete, risikominimierte Produkt- oder Prozessauslegung.

Steckbrief	A. Analysephase
▶ Ziel:	Systematische Ermittlung aller Forderungen aus Risiken des ausgewählten Umfangs mit Aufzeigen der Verbesserungspotenziale
▶ Zeitrahmen:	Synchronisiert mit den Meilensteinen und Phasen im Projektplan
▶ Eingabe:	Ergebnisse der Definitionsphase, detaillierte Dokumentation des betrachteten Systems
▶ Prozess- und Teilschritte:	FMEA in fünf Schritten durchführen
▶ Ergebnis:	Dokumentation der Analyse mit Systemstruktur, Funktionsnetze, Fehlfunktionsnetze, Maßnahmen, Verantwortung/Termine/Status, Bewertung, FMEA-Formblätter, FMEA-Datenbank
▶ Verantwortung, Arbeitsumfang:	FMEA-Team (Kernteam, Methodiker und Experten)
▶ Arbeitsmittel:	FMEA-Tool
▶ Unterstützende Methoden:	Hierarchische Gliederung, strukturiertes Brainstorming, logische Verknüpfung, Schwachstellenanalyse, Risikoabschätzung
▶ Risiken:	Abstimmung zwischen Produkt und Prozess, Kunde, Lieferant
▶ Messgrößen:	Mindestens alle wichtigen Umfänge betrachtet
▶ Kommunikation:	Ergebnisse aus der Analyse, Handlungsbedarf zur Entscheidungen von Maßnahmen, Festschreibung zu Funktionen und Merkmalen, Projektänderungen

Tabelle 3: *Steckbrief – Analysephase*

Aufgabenzuordnung im FMEA-Team zur Analysephase

V: Verantwortlicher zur Durchführung der Definitionsphase

- Verantwortlich für die termin- und ressourcengerechte Durchführung der FMEA,
- fachliche Verantwortung für die FMEA-Inhalte,
- Vorbereitung der Maßnahmenentscheidung,
- Konflikte entschärfen.

M: FMEA-Moderator

- Leitende Durchführung von Strukturbeschreibung, Funktionsanalyse, Fehleranalyse, Risikobewertung und der Festlegung von Optimierungsmaßnahmen,
- im Bedarfsfall Vor- oder Nachbereitung von FMEA-Sitzungen,
- Moderation der FMEA-Arbeitsgruppe,
- FMEA auswerten, Maßnahmen anregen,
- Sicherstellung der Dokumentation der FMEA,
- Aufbereitung von Entscheidungsvorlagen,
- Erstellung und Pflege der Bewertungskataloge.

T: Teammitglieder

- Beschaffung von benötigten Informationen über den Betrachtungsgegenstand,
- Darlegung des Entwicklungs-/Planungsstandes im FMEA-Team,
- Einbringung von vorliegenden Erfahrungswerten aus bereits bekannten Vorgängern,
- Mitwirkung bei der Durchführung von Strukturbeschreibung, Funktionsanalyse, Fehleranalyse, Risikobewertung und der Festlegung von Optimierungsmaßnahmen,
- Mitwirkung bei der Vorbereitung der Maßnahmenentscheidung.

E: Experten

- Beschaffung von zusätzlich benötigten Informationen zu Spezialthemen,
- Beschaffung von benötigten Informationen über den Betrachtungsgegenstand,
- Mitwirkung bei der Vorbereitung der Maßnahmenentscheidung.

WIE GEHE ICH VOR?

Die Erstellung der FMEA in Systemen wird in fünf Schritte gegliedert (Tabelle 4):

- 1. Schritt: Strukturanalyse
- 2. Schritt: Funktionsanalyse
- 3. Schritt: Fehleranalyse
- 4. Schritt: Maßnahmenanalyse
- 5. Schritt: Optimierung

Schritt	Aufgaben
1. Schritt Strukturanalyse	▶ Beteiligte Elemente erfassen und strukturieren ▶ Systemstruktur erstellen
2. Schritt Funktionsanalyse	▶ Funktionen den Strukturelementen zuordnen ▶ Funktionen verknüpfen
3. Schritt Fehleranalyse	▶ Fehlfunktionen den Funktionen zuordnen ▶ Fehlfunktionen verknüpfen
4. Schritt Maßnahmenanalyse	▶ Aktuelle Vermeidungs-/Entdeckungsmaßnahmen dokumentieren ▶ Aktuellen Stand bewerten
5. Schritt Optimierung	▶ Risiko mit weiteren Maßnahmen mindern ▶ Geänderten Stand bewerten

Tabelle 4: *Die fünf Schritte zur Erstellung der FMEA*

Die fünf Schritte werden im Folgenden theoretisch und an Beispielen näher erläutert. Sie vermitteln das grundlegende Verständnis für die Vorgehensweise bei der FMEA in Systemen.

Die Systemanalyse, Schritte eins und zwei, enthält die Systemelemente und die Systemstruktur sowie die Funktionen und die Funktionsstrukturen.

2.2.1 1. Schritt: Strukturanalyse

Das System besteht aus einzelnen Systemelementen (SE), die zur Beschreibung und Gliederung des Hardwarekonzeptes dienen und die in der Systemstruktur angeordnet sind. Als SE sind auch Teilbereiche (Funktionsbereiche) von Bauteilen und Untergruppen möglich.

Die Systemstruktur ordnet von oben die einzelnen Systemelemente auf unterschiedlichen hierarchischen Ebenen an. Die unter jedem einzelnen SE angeordneten weiteren Teilstrukturen sind in sich eigenständig. Die so entstehende Anzahl von Ebenen kann unterschiedlich sein. Als Untersysteme werden die Systemelemente einer Teilstruktur betrachtet.

Die Systemstruktur ist eine eindeutige Abbildung der Hardware des technischen Systems, bei der jedes Systemelement nur einmal in der Systemstruktur erscheint.

Darüber hinaus sind von jedem SE vorhandene Verbindungen als Schnittstellen zu anderen SE zu beschreiben.

Bild 11 zeigt als Beispiel eine Systemstruktur, bei der das Systemelement 2.2 betrachtet wird.

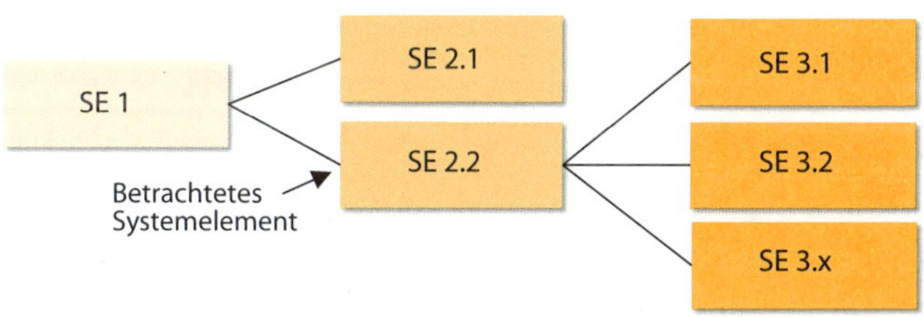

Bild 11: *Systemstruktur*

2.2.2 2. Schritt: Funktionsanalyse

Die im ersten Schritt beschriebene Systemstruktur ermöglicht es, jedes Systemelement so differenziert wie nötig hinsichtlich seiner **Funktionen und Fehlfunktionen** im gesamten System zu analysieren.

Systemelemente haben unterschiedliche **Funktionen** oder Aufgaben im System. Dieser grundsätzliche Zusammenhang zwischen SE und seinen Funktionen ist von der Anordnung des einzelnen SE in der Systemstruktur unabhängig und gilt für jedes SE. Zur Erfüllung einzelner Funktionen eines SE sind in der Regel die Funktionsbeiträge anderer SE erforderlich.

Das Zusammenwirken der Funktionen mehrerer SE für eine Funktion wird als **Funktionsstruktur** bezeichnet. Funktionsstrukturen lassen sich übersichtlich durch Funktionsbäume darstellen. Für die Erstellung von Funktionsstrukturen für Funktionen eines SE müssen die beteiligten Funktionen betrachtet werden.

Funktionsblockdiagramme (**FBD**) sind ein weiteres Werkzeug zur grafischen Darstellung von Funktionszusammenhängen. Zur Vorbereitung der Erstellung von Funktionsblockdiagrammen ist die getrennte vorbereitende Beschreibung der unterschiedlichen Funktionen und der jeweils daran beteiligten SE in Funktionsstrukturen sinnvoll.

Diese Funktionsstrukturen für die einzelnen Funktionen eines SE können in einem zweiten Schritt in ein Funktionsblockdiagramm für dieses SE übertragen werden. Die Übertragung aller Funktionsstrukturen führt zu einem vollständigen Funktionsblockdiagramm.

FMEA untersuchen die möglichen Fehler von unterschiedlich komplexen Systemen (Produkte und Prozesse).

Hierzu sind umfassende Kenntnisse über das System und über die Umgebungsbedingungen des Systems, wie Hitze, Kälte, Staub, Spritzwasser, Salz, Vereisung, Schwingungen, elektrische Störungen usw., erforderlich.

Die vorhandene Systemanalyse, d. h. die Systemstrukturen und die Funktionen, eventuell auch Funktionsstrukturen, wird als Basis für die zu erstellende **Fehleranalyse** einer System-FMEA verwendet (siehe Bild 12).

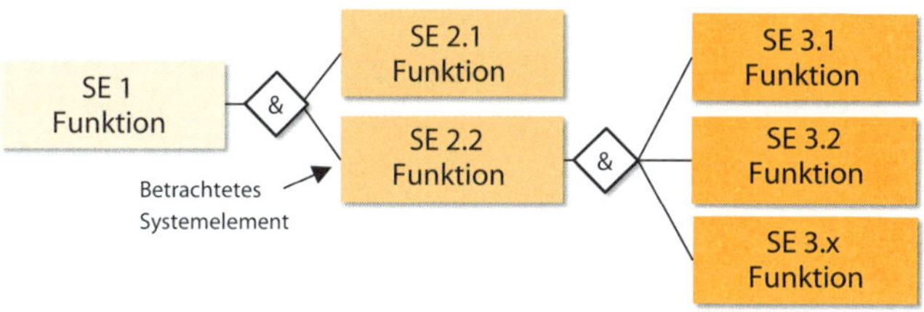

Bild 12: *Funktionsstruktur*

2.2.3 3. Schritt: Fehleranalyse

Für jedes betrachtete System bzw. Untersystem und deren SE kann eine Fehleranalyse durchgeführt werden.

- Mögliche Fehler (F) dieses SE sind die aus seinen definierten Funktionen abgeleiteten und beschriebenen Fehlfunktionen nach dem zweiten Schritt, der Funktionsanalyse. Ein erster, meist unvollständiger Ansatz besteht in der Nichterfüllung oder Einschränkung der beschriebenen Funktionen.
- Die möglichen Fehlerursachen (FU) sind die denkbaren Fehlfunktionen der untergeordneten SE der Systemstruktur.

- Die möglichen Fehlerfolgen (FF) sind die Fehlfunktionen von übergeordneten Systemelementen.

Für die Fehleranalyse der System-FMEA werden aufbauend auf den analysierten Funktionen und Funktionsstrukturen die Fehlfunktionen und Fehlfunktionsstrukturen erstellt. Die Tiefe der Fehleranalyse wird damit von der Systemstruktur abgeleitet.

Zur Erläuterung ist für das Systemelement exemplarisch die Systemstruktur mit der Fehleranalyse in Bild 13 dargestellt. Bild 14 (s. S. 44) zeigt ein Beispiel für die Integration der Fehleranalyse in das FMEA-Formblatt (siehe hierzu auch Bild 15, S. 45).

2.2.4 4. Schritt: Maßnahmenanalyse

Für die Risikobewertung werden die Bewertungszahlen B, A und E verwendet:

- **B** für die Bedeutung der Fehlerfolge,
- **A** für die Auftretenswahrscheinlichkeit der Fehlerursache und
- **E** für die Entdeckungswahrscheinlichkeit der aufgetretenen Fehlerursache.

Daraus wird die Risikoprioritätszahl (RPZ) errechnet.

$$RPZ = B \cdot A \cdot E$$

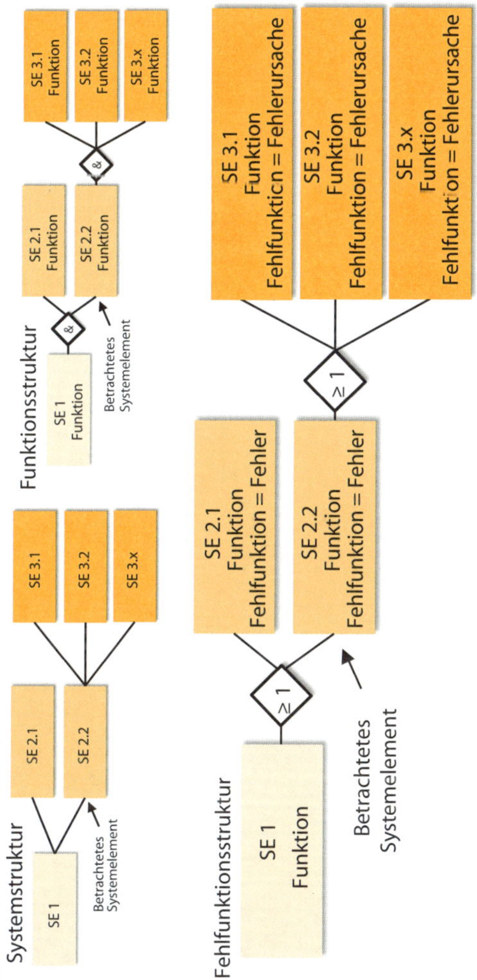

Bild 13: *Systemstruktur mit Funktions- und Fehlfunktionsstruktur*

									FMEA-Nr.:
	Fehler-Möglichkeits- und Einfluss-Aanalyse ☐ Produkt-FMEA ☐ Produkt-FMEA								Seite
Typ/Model/Fertigung/Charge:				Sach-Nr.: Änderungsstand:		Verantw.: Firma:			Abt.: Datum:
System-Nr./Systemelement: Funktion/Aufgabe:				Sach-Nr.: Änderungsstand:		Verantw.: Firma:			Abt.: Datum:
Mögliche Fehlerfolgen	B	Möglicher Fehler	K	Mögliche Fehlerursachen	Vermeidungs-maßnahmen	A	Entdeckungs-maßnahmen	E	RPZ	V/T
Fehlfunktion von SE 1		Fehlfunktion von SE 2.2		Fehlfunktion von SE 3.1						
				Fehlfunktion von SE 3.2						
				Fehlfunktion von SE 3.3						
B = Bewertungszahl für die Bedeutung RPZ = Risikoprioritätszahl			A = Bewertungszahl für die Auftretenswahrscheinlichkeit V = Verantwortlichkeit				E = Bewertungszahl für die Entdeckungswahrscheinlichkeit T = Termin für die Erledigung			

Bild 14: *Integration der Fehleranalyse im Formblatt*

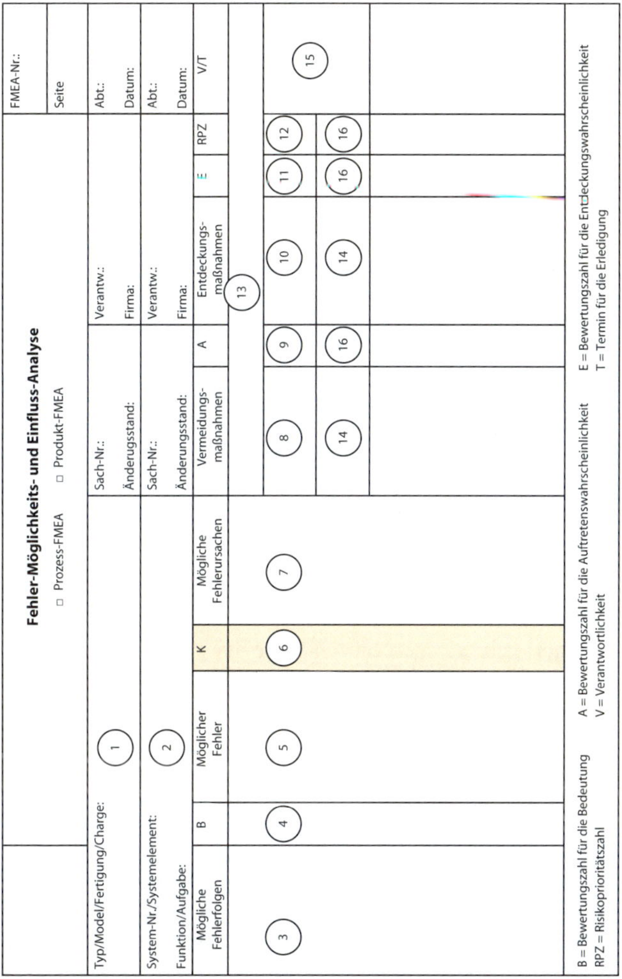

Bild 15: *FMEA-Formblatt nach VDA Band 4, Kapitel 3 – FMEA*

Das FMEA-Formblatt

Das FMEA-Formblatt (Bild 15, S. 45) beinhaltet:

① Stammdaten

In den Kopf des Formblattes sind die Daten entsprechend den Erfordernissen der jeweiligen Produkte und Prozesse einzutragen. Aus diesen Daten muss das betrachtete System mit zugehöriger FMEA-Nummer, welche die FMEA nach der Konstruktionsgruppe identifiziert, klar erkennbar sein.

② Systemelement (SE)/Funktion/Aufgabe

Beschreibung des SE mit der jeweils betrachteten Funktion/Aufgabe, z. B. Arbeitsvorgang.

③ Mögliche Fehlerfolgen

Eintrag der Ergebnisse aus der Untersuchung, welche möglichen Fehlerfolgen diese Fehler bzw. diese Fehlfunktionen für das Gesamtsystem haben und wie sich diese Auswirkungen für den Endverbraucher bemerkbar machen.

④ Bewertungszahl für die Bedeutung (B)

Die Bewertungszahl B wird für die Bedeutung der Fehlerfolgen einer Fehlerursache festgelegt. Dabei wird der ungünstigste Fall, welcher auftreten kann, in der Kausalkette bis zum Gesamtsystem aufgezeichnet (siehe Tabelle 8 und Tabelle 9). Betrachtet wird die Auswirkung für den internen bzw. externen Kunden.

⑤ Möglicher Fehler

Eintragung aller möglichen Fehler (Fehlfunktionen) des betrachteten Systemelementes aus der Funktionsanalyse.

⑥ Klassifizierung (K)

Hier werden die „besonderen Merkmale" gekennzeichnet. Die K-Spalte kann rechts an der B-Spalte oder links an der Spalte „Mögliche Fehlerursachen" angeordnet werden.

⑦ Mögliche Fehlerursachen

Für jeden Fehler werden alle möglichen Fehlerursachen untersucht und in diese Spalte eingetragen. Hierzu können verwendet werden: Marktstudien, Kundenreports, Qualitätsberichte, Felderfahrungen, Lebensdauer-, Zuverlässigkeitsdaten, Einsatzbedingungen wie Hitze, Kälte, Staub, Stromversorgungsschwankungen usw.

⑧ Vermeidungsmaßnahmen

Für jede mögliche Fehlerursache werden die zum Untersuchungszeitpunkt bereits durchgeführten Vermeidungsmaßnahmen aufgezeigt, d.h. keine Maßnahmen, die künftig durchgeführt werden sollen. Beispielsweise sind Vermeidungsmaßnahmen der Konstruktions-FMEA konstruktive Maßnahmen, die das Auftreten von Fehlerursachen in der Entwicklungsphase minimieren bzw. zur Erreichung der technischen Zuverlässigkeit dienen.

⑨ Bewertungszahl für die Auftretenswahrscheinlichkeit (A)

Die Bewertungszahl A wird für jede Fehlerursache unter Berücksichtigung aller durchgeführten Vermeidungsmaßnahmen festgelegt (siehe Tabelle 8 und Tabelle 9).

⑩ Entdeckungsmaßnahmen

Die Entdeckungsmaßnahmen sind zum Untersuchungszeitpunkt wirksame Maßnahmen, die bereits aufgetretene Fehlerursachen, Fehler oder Fehlerfolgen entdecken. Sinnvoll ist die frühestmögliche Entdeckung in der Ursache-Wirkungs-Kette.

⑪ Bewertungszahl für die Entdeckungswahrscheinlichkeit (E)

Die Bewertungszahl E wird für jede Fehlerursache unter Berücksichtigung aller durchgeführten Entdeckungsmaßnahmen festgelegt (siehe Tabelle 8 und Tabelle 9).

⑫ Risikoprioritätszahl (RPZ)

Die Risikoprioritätszahl ergibt sich aus der Multiplikation der Bewertungszahlen B, A und E. Sie wichtet das Systemrisiko für den Anwender und dient als ein Entscheidungskriterium zur Einleitung von Optimierungsmaßnahmen.

⑬ Anfangsstand/Änderungsstand der Maßnahmen für Produkt und Prozess

- Entwicklung,
- Kundenbetrieb,
- Service.

⑭ Optimierung

Optimierungsmaßnahmen sind hier dargestellt.

⑮ V/T/Status

Verantwortlicher (V) für die Durchführung und Termin (T) für die Erledigung von Maßnahmen. Status der Maßnahmen:

- unbearbeitet,
- in Entscheidung,
- in Umsetzung,
- abgeschlossen,
- verworfen.

⑯ Risikobewertung nach der Optimierung

Gemäß den Punkten 9, 11 und 12.

B Bedeutung

Die Bewertungszahl B wird für die Bedeutung der Fehlerfolgen einer Fehlerursache für das Gesamtsystem und damit für den externen bzw. internen Kunden festgelegt. Betrachtet wird die Auswirkung auf den Kunden (interner und externer Kunde, „worst case").

Die Bewertungszahl B muss für alle Fehlerursachen, die zu der gleichen Fehlerfolge führen, übernommen werden. Die 10 wird z. B. vergeben, wenn sicherheitsrelevante oder gesetzliche Vorschriften verletzt werden. Die 1 wird vergeben, wenn die Fehlerfolge keine Bedeutung für den Kunden hat.

Darüber hinaus kann eine andere Bewertungszahl B für die Bedeutung aus der Sicht interner Kunden, z. B. Abnehmer in der Herstellungskette, festgelegt werden. Wenn hier nicht die Auswirkung auf den Endverbraucher betrachtet wird, können Tabelle 8 und Tabelle 9 nicht verwendet werden. Hierfür müssen interne Bewertungstabellen erstellt werden.

Anfangsstand

- Eintragung der bis zum Erstellungszeitpunkt bereits durchgeführten Maßnahmen.
- Alle geplanten Maßnahmen werden erst im fünften Schritt „Optimierung“ aufgezeigt (Änderungsstand).

VM Vermeidungsmaßnahmen

Vermeidungsmaßnahmen verhindern bzw. minimieren das Auftreten der Fehlerursache. Sie sind der Gradmesser für die Robustheit der Konstruktion bzw. des Prozesses.

Entsprechend der Wirksamkeit von ausgeführten Vermeidungsmaßnahmen für die betrachteten Fehlerursachen wird eine Bewertung für die Auftretenswahrscheinlichkeit (A) vergeben. Je weiter die Fehleranalyse der FMEA bei den Ursachen differenziert, umso differenzierter können auch die Bewertungen A erstellt werden. Für die betrachteten Fehlerursachen werden die Vermeidungsmaßnahmen beschrieben, die zum Untersuchungszeitpunkt bereits durchgeführt sind oder gerade durchgeführt werden. Geplante Vermeidungsmaßnahmen, die grundsätzlich für die betrachteten Fehlerursachen zu einem späteren Zeitpunkt als zu diesem Untersuchungszeitpunkt einsetzen, werden zuerst als Optimierungsmaßnahme in den Änderungsstand eingetragen. Dies hat den Vorteil, dass auch diese Maßnahmen einem Verantwortlichen mit Termin zugeordnet werden und der weitere Aufwand für die Umsetzung dieser Maßnahmen dargestellt wird.

Bei der A-Bewertung wird auf die aus der Erfahrung mit dem System vorliegenden Bewertungen zurückgegriffen, z. B. Zuverlässigkeitsraten im Kundeneinsatz. Werden bekannte Untersysteme in ein anderes System integriert, so sind die Schnittstellen zu betrachten.

Bei innovativen Systemumfängen darf auf die differenzierten Analysen der Produkt-FMEA auf der Merkmalsebene der Bauteile (Konstruktions-FMEA) nicht verzichtet werden.

A Auftretenswahrscheinlichkeit

Die Auftretenswahrscheinlichkeit bewertet die Häufigkeit des Auftretens der Fehlerursache und berücksichtigt alle wirksamen Vermeidungsmaßnahmen.

Anhand einer von 10 bis 1 reichenden Skala wird die Bewertung der Auftretenswahrscheinlichkeit einer Fehlerursache unter Berücksichtigung aller durchgeführten Vermeidungsmaßnahmen erstellt.

Bei der A-Bewertung wird die 10 vergeben, wenn es nahezu sicher ist, dass eine Fehlerursache auftritt. Die 1 wird vergeben, wenn es unwahrscheinlich ist, dass eine Fehlerursache auftritt.

EM Entdeckungsmaßnahmen

Entdeckungsmaßnahmen entdecken Fehlerursachen, die trotz aller Vermeidungsmaßnahmen auftreten. Falls die Fehlerursache nicht entdeckt werden kann, soll der Fehler bzw. die Fehlerfolge erkannt werden.

Entsprechend der Wirksamkeit von ausgeführten Entdeckungsmaßnahmen für die betrachteten Fehlerursachen werden Bewertungen für die Entdeckungswahrscheinlichkeit (E) vergeben. Je weiter die Fehleranalyse der FMEA bei den Ursachen differenziert, umso differenzierter können auch die Bewertungen für E erstellt werden. Für die betrachteten Fehlerursachen werden die Entdeckungsmaßnahmen beschrieben, die zum Untersuchungszeitpunkt bereits durchgeführt sind oder gerade durchgeführt werden. Geplante Entdeckungsmaßnahmen, die grundsätzlich für die betrachteten Fehlerursachen zu einem späteren Zeitpunkt als zu diesem Untersuchungszeitpunkt einsetzen, werden zuerst als Optimierungsmaßnahme in den Änderungsstand eingetragen. Dies hat den Vorteil, dass auch diese Maßnahmen einem Verantwortlichen mit Termin zugeordnet werden und der weitere Aufwand für die Umsetzung dieser Maßnahmen dargestellt wird.

Bei der E-Bewertung wird auf die aus der Erfahrung mit dem System vorliegenden Bewertungen zurückgegriffen, z. B. Rückmeldungen aus dem Kundeneinsatz. Werden bekannte Untersysteme in ein anderes System integriert, so sind die Schnittstellen zu betrachten.

E Entdeckungswahrscheinlichkeit

Die Entdeckungswahrscheinlichkeit bewertet die Wahrscheinlichkeit der Entdeckung der Fehlerursache entwicklungs- bzw. prozessbegleitend.

Lässt sich die Fehlerursache nicht bewerten, so kann die Entdeckung des Fehlers bzw. der Fehlerfolge bewertet werden.

Die Entdeckungswahrscheinlichkeit ist abhängig vom Zeitpunkt der Entdeckung.

Wie bei der Bewertung der Auftretenswahrscheinlichkeit wird auch bei der Bewertung der Entdeckungswahrscheinlichkeit einer aufgetretenen Fehlerursache eine Skala von 10 bis 1 zugrunde gelegt.

Die Bewertung wird unter Berücksichtigung aller durchgeführten Entdeckungsmaßnahmen vorgenommen, die geeignet sind, die Fehlerursache vor Auslieferung an den Kunden zu entdecken. Unter dem Kunden wird hier nicht nur der Endverbraucher, der externe Kunde, sondern auch der Nächste im Ablauf, der interne Kunde, verstanden. Entdeckungsmaßnahmen können auch über die Erkennung von Fehlern und von Fehlerfolgen zur Entdeckung der Fehlerursachen führen und damit zu **einer** gemeinsamen E-Bewertung für alle zugehörigen Fehlerursachen. Sinnvoll ist die frühestmögliche Entdeckung in der Ursache-Wirkungs-Kette.

Die Bewertungszahl **10** wird vergeben, wenn keine Entdeckungsmaßnahmen, z. B. Erprobungsmaßnahmen oder Prüfmaßnahmen, benannt werden. Die Bewertungszahl **1** wird vergeben, wenn eine betrachtete Fehlerursache während der Entwicklung durch die Summe aller Erprobungsmaßnahmen sicher festgestellt wird oder wenn in der Produktionsphase ein Fertigungsfehler zwangsläufig vor der Weitergabe an den Nächsten im Ablauf, interner bzw. externer Kunde, gefunden wird.

RPZ Risikoprioritätszahl

Das Produkt aus der Bedeutung, der Auftretenswahrscheinlichkeit und der Entdeckungswahrscheinlichkeit ist die Risikoprioritätszahl. Die Aussage der RPZ ist:

- Rangfolge der Risiken innerhalb des Systems.
- Entscheidungskriterium zur Einleitung von Optimierungsmaßnahmen ist die Kombinatorik der Einzelbewertungen!
- Keine Aussage zum absoluten Risiko!

Die Aussage des Produkts B × A ist, dass eine Fehlerfolge trotz wirksamer Vermeidungsmaßnahmen mit einer bestimmten Häufigkeit auftritt.

Die Aussage der Entdeckungswahrscheinlichkeit E ist, dass nur ein Teil der aufgetretenen Fehler entdeckt werden kann.

Die Aussage des Produkts A × E ist, dass mit dieser Restwahrscheinlichkeit nicht entdeckte fehlerhafte Teile zum Kunden gelangen.

2.2.5 5. Schritt: Optimierung

Die Einzelbewertungen B, A und E und die RPZ verdeutlichen Systemrisiken. Bei hohen Einzelbewertungen oder bei hohen RPZ-Werten sind Optimierungen erforderlich.

Risikobewertung RPZ; VDA Band 4, Kapitel 3, Produkt- und Prozess-FMEA

Die Betrachtung des absoluten Wertes einer Risikoprioritätszahl ist in vielen Fällen irreführend und als Grundlage für weitere Maßnahmen nicht geeignet. Auch ein relativer Vergleich der einzelnen Risikoprioritätszahlen kann irreführend sein.

Es ist nicht sinnvoll, eine „starre RPZ“ als Eingriffsgrenze (z.B. von RPZ > Limit) zu definieren, da unter Umständen die Bewertungsmaßstäbe für jede FMEA unterschiedlich sein können.

Es ergibt sich die Problematik, dass gleiche RPZ-Werte nicht das gleiche Risiko bedeuten müssen. Ausgehend von der RPZ = 100 kann sich dieser Wert durch (B · A · E) = (10 · 1 · 10) oder auch durch (B · A · E) = (10 · 10 · 1) ergeben.

Somit hat die RPZ eine geringe Aussagekraft bezüglich der Qualität von Produkten und Prozessen.

Prioritäten bei der Optimierung

1. Konzeptänderung, um die Fehlerursache auszuschließen bzw. die Bedeutung zu reduzieren.
2. Erhöhung der Konzeptzuverlässigkeit, um das Auftreten der Fehlerursache zu minimieren.
3. Wirksamere Entdeckung der Fehlerursache (möglichst konstruktiv vorsehen und zusätzliches Prüfen vermeiden).

Für die Risikobewertung des gegebenen Zustands werden die bereits umgesetzten Maßnahmen herangezogen. Zur weiteren Senkung des Risikos sind zusätzliche Maßnahmen notwendig. Für diese Maßnahmen sind jeweils der Verantwortliche (V) mit Namen und Abteilungskurzzeichen sowie der entsprechende Termin (T) für die Erledigung im FMEA-Formblatt anzugeben.

- Zur Minimierung des Risikos werden die zusätzlichen Maßnahmen beschrieben und wird für die Umsetzung jeweils ein Verantwortlicher mit Termin für die Erledigung benannt.
- Nach der Optimierung werden bei Konzeptänderungen alle fünf Schritte der FMEA neu durchlaufen.
- Bei Zuverlässigkeitserhöhungen durch Vermeidungsmaßnahmen oder wirksamerer Entdeckung werden die Schritte vier und fünf wiederholt.
- Die Wirksamkeit der Maßnahmen ist nachzuweisen und durch die Bewertung zu bestätigen.
- Der Eintrag in der V/T-Spalte zeigt offene und entschiedene Punkte der FMEA.

Nach der Optimierung werden bei Konzeptänderungen alle fünf Schritte der FMEA neu durchlaufen. Nach Festlegung der Maßnahmen zur Zuverlässigkeitserhöhung oder zur wirksameren Entdeckung erfolgt eine vorläufige, neue Risikobewertung. Die endgültige Bewertung erfolgt nach Durchführung der Maßnahme.

Anmerkung: Die FMEA liefert eine vorwiegend qualitative Bewertung. Aufgrund der subjektiven Einschätzung und deren Unsicherheit eignet sie sich nur bedingt als Methode zur quantitativen Bewertung.

Aussage der Bewertung

- Systemrisiken werden durch die Einzelbewertungen aufgezeigt.
- Die RPZ ist kein Maßstab für das Risiko!

- Optimierungen sind bei hohen Einzelbewertungen erforderlich.

Änderungsstand

- Falls eine Systemoptimierung erforderlich ist, wird ein Änderungsstand eingefügt.
- Alle geplanten Maßnahmen werden aufgezeigt und deren Wirkung wird prognostiziert.

A Auftretenswahrscheinlichkeit

- Bewertet die Wahrscheinlichkeit des Auftretens der Fehlerursache, nachdem die geplante Vermeidungsmaßnahme durchgeführt ist.
- Die Auftretenswahrscheinlichkeit ist eine gemutmaßte Bewertung.

E Entdeckungswahrscheinlichkeit

- Bewertet die Wahrscheinlichkeit der Entdeckung der Fehlerursache unter Berücksichtigung der geplanten Entdeckungsmaßnahme.
- Die Entdeckungswahrscheinlichkeit ist eine gemutmaßte Bewertung.
- Ist abhängig vom Zeitpunkt der Entdeckung.

2.3 M. Maßnahmenentscheidung

WORUM GEHT ES UND WAS BRINGT ES?

In der Analysephase wurden die Risiken bewertet. Die Risiken, die nach Einschätzung des FMEA-Teams zu hoch sind, werden mit Maßnahmen belegt. Für diese Maßnahmen erfolgte eine Abschätzung über deren Wirksamkeit. Es können auch konkurrierende oder sich ergänzende Maßnahmen definiert worden sein.

Nachdem die Maßnahmen beschrieben und deren Wirksamkeit in Bezug auf das Risiko festgelegt wurden, sind diese Maßnahmen zur Umsetzung in Abstimmung mit der Projektleitung zu entscheiden (Tabelle 5).

Aufgabenzuordnung im FMEA-Team zur Maßnahmenentscheidung

V: Verantwortlicher zur Durchführung
- Vorbereitung der Maßnahmenentscheidung,
- Erstellen der Entscheidungsvorlage mit Kosten, Terminen,
- Entscheidung der Maßnahme,
- Freigabe der Ressourcen.

T: Teammitglieder
- Information zur zu entscheidenden Maßnahme,
- Unterstützung bei der Ausarbeitung der Maßnahmenentscheidung.

WIE GEHE ICH VOR?

Zur Entscheidung über die Umsetzung der Maßnahmen bedarf es einer Beurteilung aller Maßnahmen bezüglich der Risikoverminderung, aber auch bezüglich Realisierbarkeit und Einsatzzeitpunkt. Daraus lassen sich Prioritätsklassen als Entscheidungsgrundlage für die Umsetzung bilden. In Bild 16, S. 60 ist ein Vorschlag dargestellt, mit dem sich die Maßnahmenbewertung durchführen lässt. Allgemein wird vom zuständigen Verantwortlichen in der Linien- oder der Projektorganisation entschieden.

Steckbrief	M. Maßnahmenentscheidungsphase
▶ Ziel:	Mögliche Maßnahmen im FMEA-Team oder durch das Management entscheiden
▶ Zeitrahmen:	Während der laufenden FMEA-Sitzungen und zu den laufenden Projektsitzungen
▶ Eingabe:	Maßnahmen, die noch nicht entschieden sind, Aufwand, Nutzen, Machbarkeit (herstellproportionale Kosten, Investitionen, Termin)
▶ Prozess- und Teilschritte:	Maßnahmen, die noch nicht entschieden sind, entscheiden unter Berücksichtigung von Kosten, Zeit, Stückzahl, soweit darstellbar, Ressourcen und mit Auswirkung auf andere Systeme und Komponenten bzw. Rückweisen der Maßnahme zur Analyse
▶ Ergebnis:	Entschiedene Maßnahmen mit Ressourcen und Dokumentation der Entscheidung
▶ Verantwortung, Arbeitsumfang:	Entscheidungsbefugter
▶ Arbeitsmittel:	Entscheidungsmatrizen, Diskussion, Eskalation usw.
▶ Unterstützende Methoden:	Brainstorming
▶ Risiken:	Vor- und Nachteile falsch abgewägt, fehlende Kriterien, Ressourcen und Zeit
▶ Messgrößen:	Kosten, Gewichtsbewertung, Einsatztermin, Änderungskosten
▶ Kommunikation:	Entscheidungen dem Auftraggeber, Umsetzungsverantwortlichen und Team bekannt machen

Tabelle 5: *Steckbrief – Maßnahmenentscheidungsphase*

		Maßnahmenbewertung Fehlermöglichkeits- und -einflussanalyse							FMEA-Nr.: Seite von	
Typ/Modell/Fertigung/Charge:				Sach-Nr.: Änderungsstand			Verantw.: Firma		Abt.: Datum:	
System-Nr./Systemelement: Funktion/Aufgabe:				Sach-Nr.: Änderungsstand			Verantw.: Firma		Abt.: Datum:	
Mögliche Fehlerursachen mit zugehörigem Fehler und Fehlerfolgen	B	Vermeidungs-maßnahmen	A	Entdeckungs-maßnahmen	E	RPZ	V/T	Kosten/Nutzen	Realisier-barkeit	Priorität

B = Bewertunszahl für die Bedeutung
Risikoprioritätszahl RPZ = B · A · E
A = Bewertungszahl für die Auftretenswahrscheinlichkeit
V = Verantwortl chkeit
Kosten/Nutzen = monetärer Aufwand im Verhältnis zu den Vorteilen (intern/extern)
E = Bewertungszahl für die Entdeckungswahrscheinlichkeit
R= Termin für die Erledigung
Realisierbarkeit = zeitlicher Aufwand und Verfügbarkeit
Priorität = 1: höchste Priorität, 2: hohe Priorität, 3: geringe Priorität

Bild 16: *Maßnahmenbewertung*

2.4 U. Umsetzung

WORUM GEHT ES UND WAS BRINGT ES?

Nachdem die Maßnahmen entschieden worden sind, steht deren Umsetzung an (Tabelle 6).

Steckbrief	U. Umsetzungsphase
▶ Ziel:	Maßnahmen umsetzen und Wirksamkeit bewerten
▶ Zeitrahmen:	Ab Maßnahmenentscheid bis zur Neubewertung der abgeschlossenen Maßnahmen
▶ Eingabe:	Entschiedene Maßnahmen mit Ressourcen
▶ Prozess- und Teilschritte:	Entschiedene Maßnahmen umsetzen, gegebenenfalls Verifizieren und Validieren unter Berücksichtigung von Veränderungen bzw. Rückweisen der Maßnahme zur Analyse; Monitoren
▶ Ergebnis:	Wirksamkeit der umgesetzten Maßnahmen mit deren Dokumentation
▶ Verantwortung, Arbeitsumfang:	Verantwortliche für die Umsetzung der entschiedenen Maßnahmen, anschließende Bewertung der Wirksamkeit im FMEA-Team
▶ Arbeitsmittel:	Umsetzungspläne, Terminpläne, Arbeitspläne
▶ Unterstützende Methoden:	Projektmanagement, Reviews
▶ Risiken:	Fehlende Ressourcen, Informationsmanagement oder organisatorische Ressourcen
▶ Messgrößen:	Erfüllungsgrad und Reifegrad der Maßnahmenumsetzung, Budgeteinhaltung
▶ Kommunikation:	Review-Termine zur Maßnahmenverfolgung

Tabelle 6: *Steckbrief – Umsetzungsphase*

Die beschlossenen Maßnahmen werden von den Verantwortlichen mit dem zugewiesenen Termin und den personellen und materiellen Ressourcen umgesetzt. Das Ergebnis wird auf Wirksamkeit überprüft. Daraus leitet sich die erneute Bewertung und Einstufung des Risikos ab.

Aufgabenzuordnung im FMEA-Team zur Umsetzung

V: Verantwortlicher zur Durchführung

- Überwacht die termingerechte Umsetzung der Maßnahmen,
- beruft das FMEA-Team zur Bewertung der Maßnahmen ein,
- erstellt und verteilt den Abschlussbericht,
- gibt die entsprechende Empfehlung für Freigaben.

M: FMEA-Moderator

- Führt die Teamsitzungen,
- verantwortet die methodische Durchführung,
- dokumentiert die Besprechung.

T: Teammitglieder

- Bewerten mit ihren Erfahrungen das verbleibenden Restrisiko,
- schätzen mit den Experten das Restrisiko ein.

E: Experten

- Unterstützen die Teammitglieder bei der Bewertung des verbleibenden Risikos,
- stellen die durchgeführten Maßnahmen dar.

WIE GEHE ICH VOR?

Beschlossene Maßnahmen werden mit Verantwortlichem (Name und Abteilungskurzzeichen) und entsprechendem Termin für die Erledigung in eine Liste zur Maßnahmenverfolgung aufgenommen und in den Terminablauf des Gesamtprojekts eingebunden. Eine mögliche Form der Maßnahmenverfolgung wird in Bild 17 gezeigt.

<table>
<tr><td colspan="2"></td><td colspan="8">Maßnahmenverfolgung
Fehlermöglichkeits- und -einflussanalyse</td><td>FMEA-Nr.:
Seite von</td></tr>
<tr><td colspan="3">Typ/Modell/Fertigung/Charge:</td><td colspan="2">Sach-Nr.:
Änderungsstand:</td><td colspan="5">Verantw.:
Firma:</td><td>Abt.:
Datum:</td></tr>
<tr><td colspan="3">System-Nr./Systemelement:
Funktion/Aufgabe:</td><td colspan="2">Sach-Nr.:
Änderungsstand:</td><td colspan="5">Verantw.:
Firma:</td><td>Abt.:
Datum:</td></tr>
<tr><td rowspan="2">Mögliche Fehlerursachen mit zugehörigem Fehler und Fehlerfolgen</td><td rowspan="2">RPZ</td><td rowspan="2">Vermeidungs-maßnahmen</td><td rowspan="2">Entdeckungs-maßnahmen</td><td rowspan="2">V/T</td><td colspan="5">Erledigungsstand in %</td><td rowspan="2">Bemerkung/Status</td></tr>
<tr><td>20</td><td>40</td><td>60</td><td>80</td><td>100</td></tr>
<tr><td></td><td></td><td></td><td></td><td></td><td></td><td></td><td></td><td></td><td></td><td></td></tr>
</table>

RPZ = Risikoprioritätszahl

V = Verantwortlichkeit
T = Termin für die Erledigung

Status: 1 = in Bearbeitung
2 = abgeschlossen
3 = verworfen

Bild 17: *Maßnahmenverfolgung*

Werden empfohlene Maßnahmen als ungeeignet verworfen, werden vom Team in Zusammenarbeit mit den Fachabteilungen andere Maßnahmen vorgeschlagen.

Im Ablauf einer FMEA haben sich festgelegte Zeitpunkte zur Überprüfung des Erledigungsgrades aller Aktivitäten, die durch diese FMEA ausgelöst wurden, bewährt. So lässt sich der jeweilige Stand im Gesamtterminplan feststellen.

Regelmäßige Review-Termine zur Maßnahmenverfolgung

Fragen zum Review:
- Wurden die geplanten Maßnahmen umgesetzt?
- Sind die gemutmaßten Bewertungen zu korrigieren?
- Müssen neue Änderungsstände erarbeitet werden?
- Ergeben sich aus den umgesetzten Maßnahmen neue Risiken?

2.5 K. Kommunikation

WORUM GEHT ES UND WAS BRINGT ES?

Während der Durchführung der FMEA und nach Umsetzung der Maßnahmen mit Prüfung auf Wirksamkeit jeweils mit einer Neubewertung des Risikos wird über den Status im Rahmen von Reviews, Projektsitzungen und zu den Meilensteinen berichtet (Tabelle 7).

Die Darstellung und Aufbereitung der FMEA wird über das Projekt hinaus in einer „Wissensdatenbank“ abgelegt und steht für weitere Verwendung zur Verfügung. Beim Auftreten von Störungen in der Anwendung von Produkt und Prozess bildet die FMEA die Basis für die Fehleranalyse. Sie findet auch Verwendung für die Erstellung von Diagnoseabläufen im Kundendienst.

Steckbrief	K. Kommunikationsphase
▶ Ziel:	FMEA-Ergebnisse präsentieren, Abnahme durch Auftraggeber, wiederverwendbares Wissen schaffen
▶ Zeitrahmen:	Nach Projektende bis zum definierten Zeitpunkt (gesetzlich, kundenspezifisch usw.)
▶ Eingabe:	Ergebnisse aller vorhergehenden Phasen und deren Dokumentation
▶ Prozess- und Teilschritte:	Vorstellen, Beurteilen, Freigeben, Versionieren der FMEA-Ergebnisse, Erfahrung aufbereiten, weitergeben, verteilen, Wissen transferieren
▶ Ergebnis:	Dokumentation und aufbereitete Information
▶ Verantwortung, Arbeitsumfang:	FMEA-Team mit dem Corporate Memory Coordinator
▶ Arbeitsmittel:	Medieneinsatz, Wissensmanagementsysteme
▶ Unterstützende Methoden:	Präsentationstechniken, Visualisierungstechniken
▶ Risiken:	Untergehen in der Informationsflut, mangelnde Aufbereitung, fehlende Aktualität und „Verfallsdatum"
▶ Messgrößen:	Umfang der Nutzung für weitere FMEAs bzw. Varianten
▶ Kommunikation:	Präsentation der FMEA extern und intern

Tabelle 7: *Steckbrief – Kommunikationsphase*

Aufgabenzuordnung im FMEA-Team zur Kommunikation

V: Verantwortlicher zur Durchführung

- Festlegung der Kommunikationswege und -zyklen mit den internen und externen Kunden bzw. Lieferanten,
- Informationen aufbereiten und dokumentieren,
- Koordinierung und Freigabe der Informationsinhalte,
- Ergebnisse aufbereiten, dokumentieren und präsentieren,
- Wissenspflege betreiben, wie Aktualisierung, Eliminierung, Strukturierung usw.,
- Feedbacksystematiken festlegen.

M: FMEA-Moderator

- Unterstützung beim Sammeln von Informationen,
- Mitwirkung bei der Informationsgenerierung,
- Aufbereitung von Informationen bezüglich Fehlinterpretation,
- Transfer der Informationen zu anderen FMEA-Spezialisten,
- Einbringen von Informationen aus vergleichbaren FMEAs.

T: Teammitglieder

- Wissensinhalte an die eigenen Mitarbeiter weitergeben, vermitteln und verteilen,
- über positive Erfahrungen berichten,
- Umsetzungsergebnisse bezüglich der eigenen Prozesse mit den Prozessverantwortlichen besprechen und darstellen,
- Sensibilisierung der Mitarbeiter, Lieferanten und Kunden bezüglich der Risiken bezogen auf die eigenen Prozesse,
- Sicherstellung der Informationen aus der FMEA sowie die Wissenspflege und -aufbereitung im eigenen Bereich.

E: Experten

- Unterstützung beim Sammeln von Informationen,
- Beschaffung von zusätzlich oder ergänzend benötigten Informationen zu Spezialthemen,

- Beschaffung von benötigten Informationen über vorhandene Kommunikations- und Informationswege,
- Mitwirkung bei der Durchführung von Informationsabläufen

WIE GEHE ICH VOR?

Entsprechend den Richtlinien der Organisation werden die durchgeführten FMEA-Dateien archiviert. Dabei sind die üblichen Archivierungsvereinbarungen zu Aufbewahrungsfristen, die sich aus den internen, kundenspezifischen, behördlichen und gesetzlichen Vorgaben ergeben, einzuhalten.

3 Praxisbeispiel Produkt-FMEA

Die Vorgehensweise der fünf Schritte

- 1. Schritt: Strukturanalyse,
- 2. Schritt: Funktionsanalyse,
- 3. Schritt: Fehleranalyse,
- 4. Schritt: Maßnahmenanalyse und
- 5. Schritt: Optimierung

der FMEA bei einer Produkt-FMEA wird am Beispiel „Fahrrad" dargestellt. Das Beispiel ist nicht vollständig und dient ausschließlich zum Verdeutlichen der methodischen Vorgehensweise.

3.1 1. Schritt: Strukturanalyse „Fahrrad"

Betrachtet wird nur der in Bild 18 (s. S. 70) gekennzeichnete Funktionsbereich. Nur die im Beispiel betrachteten Pfade sind weiterentwickelt. Sie beginnen beim SE „Fahrrad". Der Pfad führt über die Systemelemente „Lenker", „Glocke" und „Klöppel" zu den „Merkmalen Klöppel".

3.2 2. Schritt: Funktionsanalyse

Für den betrachteten Pfad wird beispielhaft für das Systemelement „Glocke" aus den Funktionsbeschreibungen der jeweiligen Systemelemente eine erste grobe Systemstruktur mit Funktionen erstellt. Hier sind nur einige Funktionen innerhalb einer definierten Systemgrenze wiedergegeben (Bild 19, S. 71).

Die Systemanalyse ist die notwendige Vorarbeit für die Erstellung von strukturierten und vernetzten Produkt-FMEAs für das SE „Fahrrad". Bei der Produkt-FMEA werden aus den

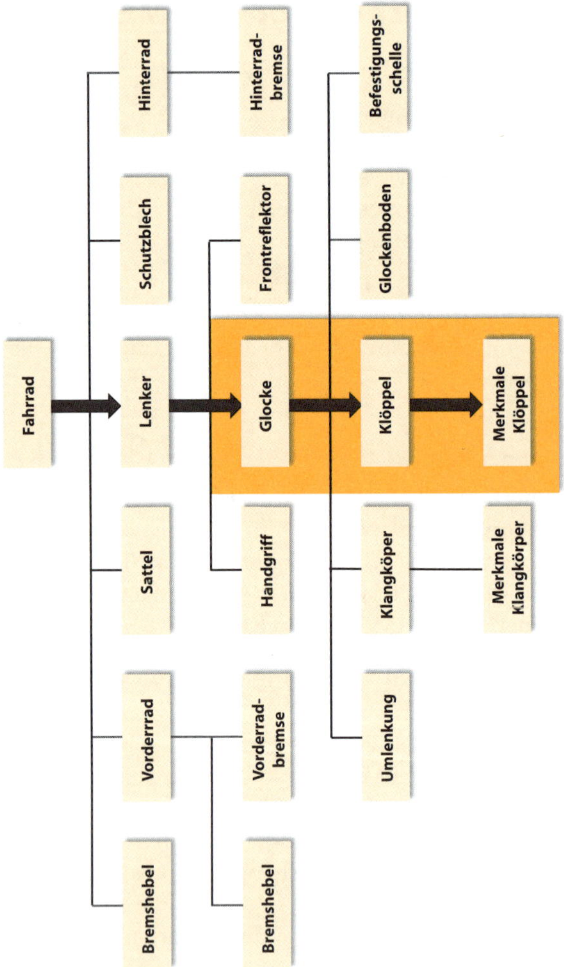

Bild 18: *Systemstruktur „Fahrrad"*

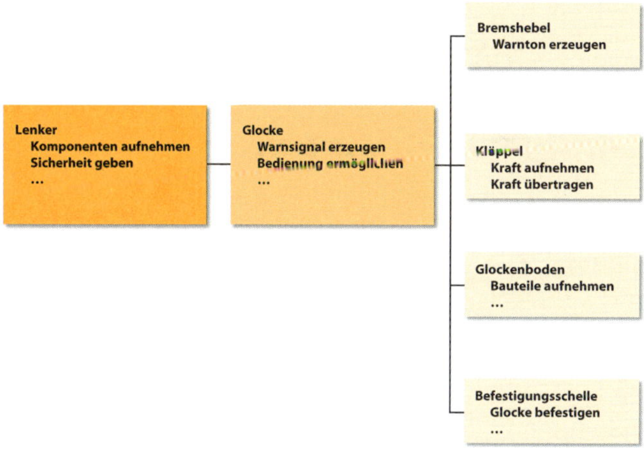

Bild 19: *Systemstruktur mit Funktionen des SE „Glocke"*

untersuchten Funktionen der Systemelemente die möglichen Fehlfunktionen abgeleitet und zu Fehlfunktionsstrukturen vernetzt.

Für das SE „Glocke" soll nun exemplarisch eine Produkt-FMEA im System „Fahrrad" erstellt werden. Für das SE „Glocke" werden nun die unterschiedlichen Fehlfunktionen beschrieben (Bild 20, S. 72).

3.3 3. Schritt: Fehleranalyse „Glocke"

Hierbei werden die jeweiligen Funktionen negiert bzw. Teilfehlfunktionen definiert. Bild 20 gibt einen Auszug der möglichen Fehlfunktionen wieder.

Die Fehlfunktionen werden in der System-FMEA „Glocke" als mögliche Fehler betrachtet. Im System-FMEA-Formblatt „Glocke" stehen sie in der Spalte „Möglicher Fehler".

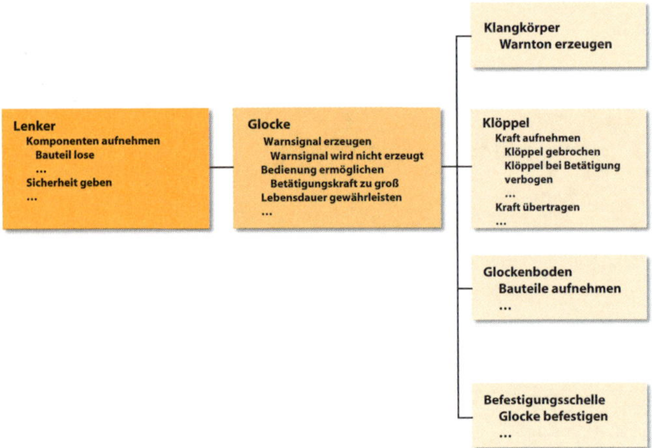

Bild 20: *Fehlfunktionsstruktur von Lenker, Glocke und Unterelementen*

Die jeweiligen Fehlfunktionsstrukturen, die Fehler des Systems „Glocke“ beinhalten, werden ins Formblatt übertragen. Damit sind auch die Fehlerfolgen- und die Fehlerursachenspalten ausgefüllt (Bild 21).

Für jedes andere SE der Systemstruktur kann in gleicher Weise eine System-FMEA erstellt werden.

Sind die Systemelemente Bauteile, so handelt es sich um eine Konstruktions-FMEA im herkömmlichen Sinne. Die Fehlerursachen sind hierbei auf der Merkmalsebene zu suchen.

	Fehler-Möglichkeits- und Einfluss-Analyse ☒ Produkt-FMEA ☐ Prozess-FMEA									FMEA-Nr.: 08/15 Seite
Typ/Model/Fertigung/Charge:					Sach-Nr.: Änderungsstand:		Verantw.: Firma:			Abt.: Datum:
System-Nr./Systemelement: Glocke Funktion/Aufgabe: Warnsignal erzeugen					Sach-Nr.: 1 691 950 Änderungsstand:		Verantw.: Heinrich Firma:			Abt: EK-10 Datum: 31.01.
Mögliche Fehlerfolgen	B	Möglicher Fehler	K	Mögliche Fehlerursachen	Vermeidungs-maßnahmen	A	Entdeckungs-maßnahmen	E	RPZ	V/T
<Lenker> Bauteile lose		Warnsignal wird nicht erzeugt		<Klöppel> Klöppel gebrochen						

Bild 21: *Formblatt mit Fehleranalyse*

3.4 4. Schritt: Maßnahmenanalyse

B Bedeutung

Fehlerfolgen werden bis zum Gesamtsystem „Fahrrad“ betrachtet und ihre Auswirkungen für den Endverbraucher bewertet. Die B-Bewertung im Formblatt erfolgt entsprechend Tabelle 8.

VM Vermeidungsmaßnahmen

Für jede denkbare Fehlerursache werden die zum Untersuchungszeitpunkt bereits durchgeführten Vermeidungsmaßnahmen aufgezeigt. Vermeidungsmaßnahmen der Produkt-FMEA sind konstruktive Maßnahmen, die das Auftreten von Fehlerursachen in der Entwicklungsphase minimieren bzw. zur Erreichung der technischen Zuverlässigkeit dienen. Sie werden in der Formblattspalte „Vermeidungsmaßnahmen“ eingetragen.

Beispiele zu Vermeidungsmaßnahmen bei der Produkt-FMEA

- EMV-Richtlinien eingehalten,
- Vorversuche,
- Simulation,
- Toleranzrechnung,
- bewährte Toleranzen übernommen,
- konstruktive Abstimmungen durchgeführt.

A Auftretenswahrscheinlichkeit

Unter Berücksichtigung aller aufgelisteten Vermeidungsmaßnahmen wird für jede Fehlerursache anhand von Ta-

B	Allgemeine Bewertungskriterien Produkt für Bedeutung B	Anwendungsbezogene Bewertungskriterien können sein:
sehr hoch **10 – 9**	**Äußerst schwerwiegender Fehler, der die Sicherheit beeinträchtigt und/oder die Einhaltung gesetzlicher Vorschriften verletzt. Existenzbedrohendes Firmenrisiko.**	Sicherheit, Auswirkungen auf – Betreiber und Fahrzeuginsassen – andere Verkehrsteilnehmer/Personen/Servicepersonal – Gesundheit, Fahrerzeuginsassen und andere – usw. Einhaltung gesetzlicher Vorschriften, Auswirkungen auf – Umwelt – Abgas – Zulassung – Produkthaftung – Gewährleistung und Kulanz – usw. Funktionalität – Liegenbleiber – Reduzierung der Fahrleistung – Bedienungseinschränkung – Geräusche – usw. Kosten durch – Reparatur – erhöhte Betriebskosten – Recycling – Rückrufaktion – usw. Firmenrisiko – Imageverlust – Kosten – usw. Die Bewertungen der Fehlerfolgen müssen gemeinsam zwischen Hersteller und Kunden (nächster Abnehmer) abgestimmt werden. Wenn die Fehlerfolgen nicht bekannt sind, ist die Bedeutung mit B = 10 zu bewerten.
hoch **8 – 7**	**Funktionsfähigkeit des Fahrzeugs stark eingeschränkt bzw. Ausfall von Funktionen, die zum Fahrbetrieb notwendig sind. Sofortiger Werkstattaufenthalt zwingend erforderlich.**	
mäßig **6 – 5 – 4**	**Funktionsfähigkeit des Fahrzeugs eingeschränkt, sofortiger Werkstattaufenthalt nicht erforderlich. Ausfall wichtiger Bedien- und Komfortsysteme.**	
gering **3 – 2**	**Geringe Funktionsbeeinträchtigung des Fahrzeugs, Funktionseinschränkung wichtiger Bedien- und Komfortsysteme.**	
sehr gering **1**	**Sehr geringe Funktionsbeeinträchtigung, nur vom Fachpersonal erkennbar.**	

Tabelle 8: *Beispiele für Bewertungstabellen zur Produkt-FMEA, Allgemeine Bedeutungskriterien B Produkt*
Quelle: VDA Band 4, Kapitel 3, Produkt- und Prozess-FMEA

belle 9 die Bewertungszahl A für die Auftretenswahrscheinlichkeit bestimmt und ins Formblatt eingetragen.

EM Entdeckungsmaßnahmen

Die zwei Entdeckungsmaßnahmen der Produkt-FMEA sind:

- Entdeckungsmaßnahmen während der Entwicklung. Dies sind Berechnungen und Erprobungen, die an einem Konzept oder an einem Prototyp schon während der Entwicklung mögliche Fehlerursachen aufzeigen oder verifizieren.
- Entdeckungsmaßnahmen durch das Produkt (System) selbst oder durch den Betreiber (interner und externer Kunde). Sie erkennen die im Betrieb aufgetretenen Fehlerursachen (z. B. Verschleißausfälle). Damit können weitere schwere Fehlerfolgen vermieden werden.

Entdeckungsmaßnahmen werden in die Formblattspalte „Entdeckungsmaßnahmen" eingetragen.

E Entdeckungswahrscheinlichkeit

Für jede betrachtete Fehlerursache werden die zum Untersuchungszeitpunkt bereits durchgeführten Entdeckungsmaßnahmen aufgezeigt. Hierzu gehören auch Entdeckungsmaßnahmen für die aus den Fehlerursachen resultierenden Fehler bzw. Fehlerfolgen. Unter Berücksichtigung aller aufgelisteten Entdeckungsmaßnahmen für jede Fehlerursache wird anhand von Tabelle 10 die Bewertungszahl E für die Entdeckungswahrscheinlichkeit bestimmt und ins Formblatt eingetragen.

Die Bewertungszahl E ist ein Maß für die Wahrscheinlichkeit, mit der die geforderten Funktionen durch Berechnung und Erprobung bereits abgesichert sind.

<table>
<tr><th>A</th><th>Produktauslegung</th><th>Anwendungsbezogene Bewertungskriterien können sein:</th></tr>
<tr><td>sehr hoch

10 – 9</td><td>Neuentwicklung von Systemen/Komponenten ohne Erfahrung bzw. unter ungeklärten Einsatzbedingungen.
Bekanntes System mit Problemen.</td><td rowspan="5">A beschreibt die Einschätzung/Bestätigung der Auftretenswahrscheinlichkeit der Fehlerursache während der Fahrzeuglebensdauer unter Berücksichtigung der zugehörigen Vermeidungsmaßnahme.

Einschätzung
• Bei der präventiven Erstellung der FMEA wird vor Durchführung der Entdeckungsmaßnahmen der nach dem aktuellen Kenntnisstand erwartete A-Wert eingeschätzt.
• Die Bewertungszahl ist stets als relative Einschätzung statt als absolute Maßzahl nach dem aktuellen Kenntnisstand zu verstehen.
• Zur Einschätzung der Bewertungszahlen können z. B. Expertenwissen, Datenhandbücher, Gewährleistungsdatenbanken oder andere Erfahrungen aus dem Feld von vergleichbaren Produkten herangezogen werden. Eine Bestätigung oder Korrektur der Einschätzung kann nach Durchführung der Maßnahmen und deren Wirksamkeitskontrolle und dem Vorliegen neuer Daten erfolgen.

Bestätigung
• Nach Einsatz der Entdeckungsmaßnahme während der Entwicklung und Nachweis der Wirksamkeit der Vermeidungsmaßnahmen wird die A-Bewertung entsprechend dem Ergebnis der Entdeckungsmaßnahme bestätigt oder korrigiert.

Relevante Ergebnisse aus dem Feld sollten in die Bewertung von A mit einbezogen werden. Ein direkter Bezug von A-Werten zu Einheiten, z. B. fit, ppm, kann nur mit relevanten Ergebnissen hergestellt werden.

Für bestimmte Anwendungsfälle kann eine nachvollziehbare Zuordnung der A-Werte zu Fehlerraten, z. B. ppm-Werten, sinnvoll sein.</td></tr>
<tr><td>hoch

8 – 7</td><td>Neuentwicklung von Systemen/Komponenten unter Einsatz neuer Technologien bzw. Einsatz bisher problematischer Technologien.
Bekanntes System mit Problemen.</td></tr>
<tr><td>mäßig

6 – 5 – 4</td><td>Neuentwicklung von Systemen/Komponenten mit Erfahrung bzw. Detailänderungen früherer Entwicklungen unter vergleichbaren Einsatzbedingungen.
Bewährtes System/Komponenten mit langjähriger, schadensfreier Serienerfahrung unter geänderten Einsatzbedingungen.</td></tr>
<tr><td>gering

3 – 2</td><td>Neuentwicklung von Systemen/Komponenten mit positiv abgeschlossenen Nachweisverfahren.
Detailänderungen an bewährten Systemen/Komponenten mit langjähriger, schadensfreier Serienerfahrung unter vergleichbaren Einsatzbedingungen.</td></tr>
<tr><td>sehr gering

1</td><td>Neuentwicklung bzw. bewährtes System/Komponenten mit Erfahrung unter vergleichbaren (Unterscheidung zu 2 und 3 erforderlich!) Einsatzbedingungen mit positiv abgeschlossenem Nachweisverfahren.
Bewährtes System/Komponenten mit langjähriger, schadensfreier Serienerfahrung unter vergleichbaren Einsatzbedingungen.</td></tr>
</table>

Tabelle 9: *Beispiele für Bewertungstabellen zur Produkt-FMEA Auftretenswahrscheinlichkeit A zur Produktauslegung*
Quelle: VDA Band 04, Kapitel 3, Produkt- und Prozess-FMEA

E	Entdeckung zur Absicherung der Produkt-auslegung	Anwendungsbezogene Bewertungskriterien können sein:
sehr gering **10 – 9**	**Sehr geringe Entdeckungswahrscheinlichkeit der Fehlfunktion, da kein Nachweisverfahren bekannt bzw. festgelegt ist.**	**Mit der Entdeckungswahrscheinlichkeit wird die Wirksamkeit der Entdeckungsmaßnahme bewertet.** Ziele der entwicklungsbegleitenden Entdeckungsmaßnahmen: • als Nachweisverfahren für die korrekte technische Auslegung des Produkts • zur Bestätigung oder Korrektur der anfangs eingeschätzten Auftretenswahrscheinlichkeit. Zu berücksichtigen sind unter anderem: • Baumusterstände • Grenzmuster • Stückzahl Erprobungsträger • Serienerprobung • Laborerprobung • Randbedingungen • Prüfparameter (Lastkollektiv) • Prüfeinrichtung • Erfahrungen mit der Entdeckungsmaßnahme • Analysen, Reviews, Simulationen • usw. Zur Beurteilung der Entdeckungswahrscheinlichkeit muss die Wirksamkeit der Entdeckungsmaßnahmen nachgewiesen sein. Nach Durchführung der Entdeckungsmaßnahmen wird die anfänglich eingeschätzte E-Bewertung entsprechend dem Ergebnis der Entdeckungsmaßnahmen bestätigt oder korrigiert. Durch die Entdeckungsmaßnahmen wird die Eigenschaft eines Produkts nicht verändert, sondern ausschließlich durch eingeleitete Maßnahmen, z. B. durch aus den Entdeckungsmaßnahmen abgeleitete Verbesserungen. Die Ergebnisse von wirksamen Entdeckungsmaßnahmen sind zur Korrektur oder Bestätigung der A-Bewertung nutzbar.
gering **8 – 7**	**Geringe Entdeckungswahrscheinlichkeit der Fehlfunktion, da Nachweisverfahren unsicher ist bzw. keine Erfahrung mit dem festgelegten Nachweisverfahren vorliegt.**	
mäßig **6 – 5 – 4**	**Mäßige Entdeckungswahrscheinlichkeit der Fehlfunktion. Bewährtes Nachweisverfahren aus vergleichbaren Produkten unter neuen Einsatz-/Randbedingungen.**	
hoch **3 – 2**	**Hohe Entdeckungswahrscheinlichkeit der Fehlfunktion durch bewährtes Nachweisverfahren. Die Wirksamkeit der Entdeckungsmaßnahme wurde für dieses Produkt nachgewiesen.**	
sehr hoch **1**	**Sehr hohe Entdeckungswahrscheinlichkeit der Fehlfunktion durch bewährtes Nachweisverfahren an Vorgängergeneration. Die Wirksamkeit der Entdeckungsmaßnahme wurde für dieses Produkt nachgewiesen.**	

Tabelle 10: *Beispiele für Bewertungstabellen zur Produkt-FMEA Entdeckungswahrscheinlichkeit E zur Produktauslegung*
Quelle: VDA Band 4, Kapitel 3, Produkt- und Prozess-FMEA

Hier besteht ein wesentlicher Unterschied zu der später beschriebenen Prozess-FMEA, wo mittels Entdeckungsmaßnahmen aus einer Menge von Teilen oder Systemen die fehlerbehafteten gesucht werden.

Eine zweite Bewertungszahl E kann sich auf spätere Ausfälle des Produkts beim Endverbraucher beziehen. Sie unterscheidet sich von der genannten präventiven E-Bewertung.

Beispiele zu Entdeckungsmaßnahmen bei der Produkt-FMEA:

- Klimawechseltest,
- Zeichnungsprüfung,
- Funktionskontrolle,
- regelmäßige Farbbandkontrolle,
- Fahrversuche.

RPZ Risikoprioritätszahl

Die RPZ wird aus der Multiplikation der Bewertungszahlen errechnet und in das Formblatt eingetragen (Bild 22, S. 80).

Bei den zwei genannten unterschiedlichen Bewertungszahlen für E ergeben sich für dieselbe Fehlerursache zwei unterschiedliche RPZ. Bisher wurde bei der Konstruktions-FMEA diese Unterscheidung nicht gemacht. Sie ist sehr hilfreich zur Analyse von Sicherheitsanforderungen bei komplexen Systemen (z. B. Elektronik) und zur transparenten Beschreibung von Systemreaktionen bei Funktionsverlusten.

In den Tabellen 8 bis 10 sind Beispiele für Bewertungstabellen zur Produkt-FMEA für die Bedeutung, Auftretenswahrscheinlichkeit und Entdeckungswahrscheinlichkeit der Produktauslegung dargestellt.

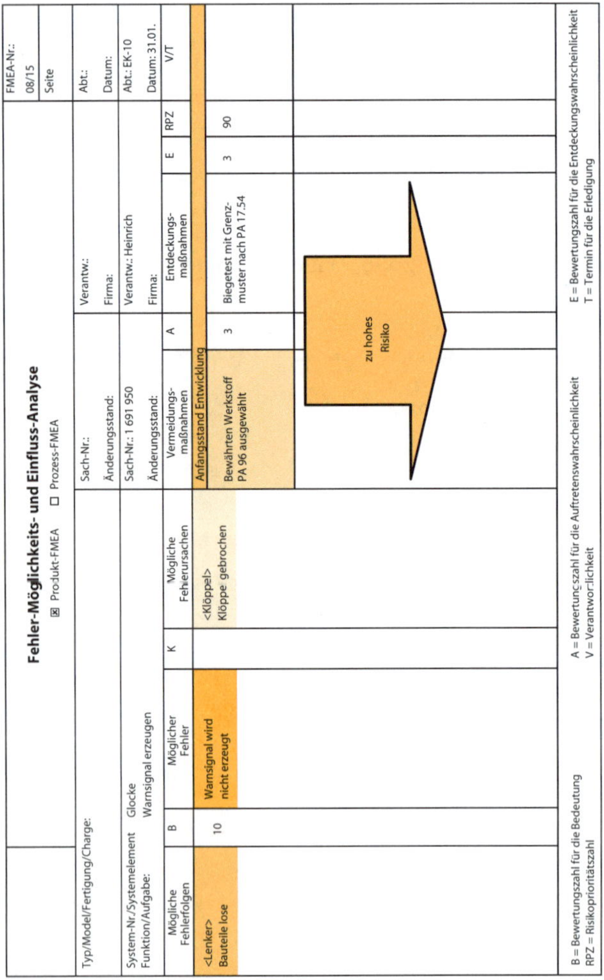

Fehler-Möglichkeits- und Einfluss-Analyse

☒ Produkt-FMEA ☐ Prozess-FMEA

FMEA-Nr.: 08/15
Seite

Typ/Model/Fertigung/Charge:	Sach-Nr.:	Änderungsstand:	Verantw.:	Firma:	Abt.:	Datum:
System-Nr./Systemelement Glocke Funktion/Aufgabe: Warnsignal erzeugen	Sach-Nr.: 1 691 950	Änderungsstand:	Verantw.: Heinrich	Firma:	Abt.: EK-10	Datum: 31.01.

Mögliche Fehlerfolgen	B	Möglicher Fehler	K	Mögliche Fehlerursachen	Vermeidungsmaßnahmen	A	Entdeckungsmaßnahmen	E	RPZ	V/T
Anfangsstand Entwicklung										
<Lenker> Bauteile lose	10	Warnsignal wird nicht erzeugt		<Klöppel> Klöppel gebrochen	Bewährten Werkstoff PA 96 ausgewählt	3	Biegetest mit Grenzmuster nach PA 17.54	3	90	

B = Bewertungszahl für die Bedeutung
RPZ = Risikoprioritätszahl
A = Bewertungszahl für die Auftretenswahrscheinlichkeit
V = Verantwortlichkeit
E = Bewertungszahl für die Entdeckungswahrscheinlichkeit
T = Termin für die Erledigung

Bild 22: *Bewertung und Maßnahmen im Formblatt „Produkt-FMEA"*

3.5 5. Schritt: Optimierung

Bei hohen Bewertungszahlen B, A und E oder hohen RPZ sind Optimierungen erforderlich. Optimierungen können nach der in Bild 23 dargestellten Risikomatrix Produkt erfolgen.

Risikomatrix Produkt (Beispiel)

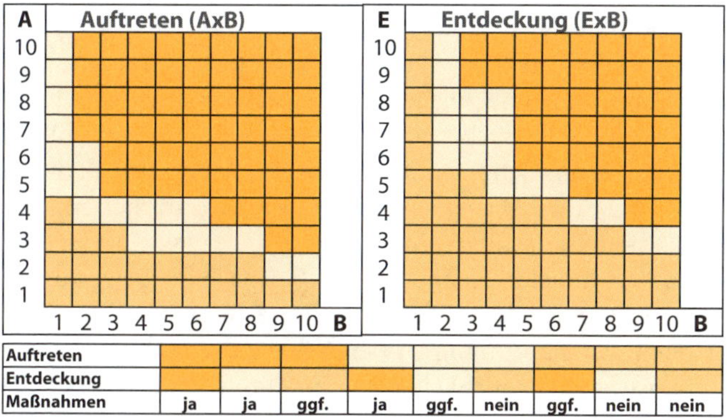

Bild 23: *Risikomatrix zur Optimierungsentscheidung Produkt-FMEA*

Zur Minimierung des Risikos werden die zusätzlichen Maßnahmen beschrieben und für die Umsetzung wird jeweils ein Verantwortlicher mit Termin für die Erledigung benannt.

Die Risikobewertung wird unter Berücksichtigung der geplanten Maßnahmen durchgeführt, und die neuen Bewertungszahlen für A, E und RPZ werden in das Formblatt eingetragen. Geplante Maßnahmen können z. B. durch Angabe der Bewertungen zwischen Klammern gekennzeichnet werden.

Nach der Optimierung werden bei Konzeptänderungen alle fünf Schritte der FMEA neu durchlaufen. Bei Zuverlässigkeitserhöhungen durch Vermeidungsmaßnahmen oder wirksamerer Entdeckung werden die Schritte vier und fünf wiederholt.

Die Wirksamkeit der Maßnahmen ist nachzuweisen und durch die Bewertung zu bestätigen.

Der Eintrag in der V/T-Spalte zeigt offene und entschiedene Punkte der FMEA.

In der V/T-Spalte wird die verantwortliche Entwicklungsstelle mit dem entsprechenden Termin für die Erledigung aufgeführt. Nur nach Umsetzung der Maßnahmen entfällt die V/T-Kennzeichnung. Der aktuelle Stand wird dadurch ersichtlich. Bild 24 zeigt das Formblatt mit optimiertem Änderungsstand Produkt-FMEA.

In den Tabellen 11 und 12 sind Beispiele für Bewertungstabellen zur Produkt-FMEA für die Auftretenswahrscheinlichkeit mit Zuordnung zu den Fehlerraten und die Entdeckungswahrscheinlichkeit des Produkts im Kundenbetrieb dargestellt.

Fehler-Möglichkeits- und Einfluss-Analyse

☒ Produkt-FMEA ☐ Prozess-FMEA

FMEA-Nr.: 08/15
Seite

Typ/Model/Fertigung/Charge:	Sach-Nr.: Änderungsstand:	Verantw.: Firma:	Abt.: Datum:
System-Nr./Systemelement Funktion/Aufgabe: Glocke Warnsignal erzeugen	Sach-Nr.: 1 691 950 Änderungsstand:	Verantw.: Heinrich Firma:	Abt.: EK-10 Datum: 31.01.

Mögliche Fehlerfolgen	B	Möglicher Fehler	K	Mögliche Fehlerursachen	Vermeidungs-maßnahmen	A	Entdeckungs-maßnahmen	E	RPZ	V/T
<Lenker> Bauteile lose	10	Warnsignal wird nicht erzeugt		<Klöppel> Klöppel gebrochen	Anfangsstand Entwicklung 31.01.					
					Bewährten Werkstoff PA 96 ausgewählt	3	Biegetest mit Grenz-muster nach PA 17.54	3	90	
					Änderungsstand Entwicklung 03.02.					
					Neuen Werkstoff PA 1276 ausgewählt	(2)	Verschärfter Biegetest mit vorgealterten Bau-teilen nach PA 17.73	(1	(20)	Gustav, EV-10 10.02.
				<Klöppel> Klöppel bei Betätigung verbogen						
				<Klangkörper> Warnton zu leise						

B = Bewertungszahl für die Bedeutung
RPZ = Risikoprioritätszahl
A = Bewertungszahl für die Auftretenswahrscheinlichkeit
V = Verantwortlichkeit
E = Bewertungszahl für die Entdeckungswahrscheinlichkeit
T = Termin für die Erledigung

Bild 24: *Optimierter Änderungsstand Produkt-FMEA*

A	Produktauslegung	Ausfallrate ppm pro Fahrzeuglebensdauer	Anwendungsbezogene Bewertungskriterien können sein:
10	**Neuentwicklung von Systemen/Komponenten ohne Erfahrung bzw. unter ungeklärten Einsatzbedingungen. Bekanntes System mit Problemen.**	500.000	**A beschreibt die Einschätzung/Bestätigung der Auftretenswahrscheinlichkeit der Fehlerursache unter Berücksichtigung der zugehörigen Vermeidungsmaßnahme.** **Einschätzung** • Bei der präventiven Erstellung der FMEA wird vor Durchführung der Entdeckungsmaßnahmen der nach dem aktuellen Kenntnisstand erwartete A-Wert eingeschätzt. • Die Bewertungszahl ist stets als relative Einschätzung statt als absolute Maßzahl nach dem aktuellen Kenntnisstand zu verstehen. • Zur Einschätzung der Bewertungszahlen können z. B. Expertenwissen, Datenhandbücher, Gewährleistungsdatenbanken oder andere Erfahrungen aus dem Feld von vergleichbaren Produkten herangezogen werden. Eine Bestätigung oder Korrektur der Einschätzung kann nach Durchführung der Maßnahmen und deren Wirksamkeitskontrolle und dem Vorliegen neuer Daten erfolgen. **Bestätigung** • Nach Durchführung der Entdeckungsmaßnahme während der Entwicklung und Nachweis der Wirksamkeit der Vermeidungsmaßnahmen wird die A-Bewertung entsprechend dem Ergebnis der Entdeckungsmaßnahme bestätigt oder korrigiert. Relevante Ergebnisse aus dem Feld sollten in die Bewertung von A mit einbezogen werden. Ein direkter Bezug von A-Werten zu Einheiten, z. B. fit, ppm, kann nur mit relevanten Ergebnissen hergestellt werden. Für bestimmte Anwendungsfälle kann eine nachvollziehbare Zuordnung der A-Werte zu Ausfallraten, z. B. ppm-Werten, sinnvoll sein. Dabei ist der jeweils zugrunde liegende Betrachtungszeitraum, z. B. pro Stunde, pro Jahr, zu beachten. Sofern von einer konstanten Ausfallrate ausgegangen werden kann, ist es möglich, bei der Umrechnung z. B. 400 Betriebsstunden pro Jahr und 15 Jahre Lebensdauer anzunehmen.
9		100.000	
8	**Neuentwicklung von Systemen/Komponenten unter Einsatz neuer Technologien bzw. Einsatz bisher problematischer Technologien. Bekanntes System mit Problemen.**	30.000	
7		10.000	
6	**Neuentwicklung von Systemen/Komponenten mit Erfahrung bzw. Detailänderungen früherer Entwicklungen unter vergleichbaren Einsatzbedingungen. Bewährtes System/Komponenten mit langjähriger, schadensfreier Serienerfahrung unter geänderten Einsatzbedingungen.**	5.000	
5		2.000	
4		500	
3	**Neuentwicklung von Systemen/Komponenten mit positiv abgeschlossenen Nachweisverfahren. Detailänderungen an bewährten Systemen/Komponenten mit langjähriger, schadensfreier Serienerfahrung unter vergleichbaren Einsatzbedingungen.**	100	
2		10	
1	**Neuentwicklung bzw. bewährtes System/Komponenten mit Erfahrung unter vergleichbaren (Unterscheidung zu 2 und 3 erforderlich!) Einsatzbedingungen mit positiv abgeschlossenem Nachweisverfahren. Bewährtes System/Komponenten mit langjähriger, schadensfreier Serienerfahrung unter vergleichbaren Einsatzbedingungen.**	1	

Tabelle 11: *Beispiele für Bewertungstabellen zur Produkt-FMEA Auftretenswahrscheinlichkeit A mit Zuordnung von Fehlerraten Quelle: VDA Band 4, Kapitel 3, Produkt- und Prozess-FMEA*

<table>
<tr><th>E</th><th>Entdeckung während der Nutzung und zur Diagnose</th><th>Anwendungsbezogene Bewertungskriterien können sein:</th></tr>
<tr><td>sehr gering

10 – 9</td><td>Es ist unmöglich oder unwahrscheinlich, dass der Fehler überhaupt oder rechtzeitig entdeckt wird.
• Kein Monitoring/keine Diagnose durch das System der zu überwachenden Funktionen.
• Bei der Diagnose kaum oder nur mit sehr hohem Aufwand entdeckbar.</td><td rowspan="5">Kriterien zur Beurteilung der Entdeckungsmaßnahmen
• Ziele der Entdeckungsmaßnahmen
• Rechtzeitige Entdeckung von Fehlern, die während des Betriebs des Fahrzeugs auftreten können, um bei Bedarf geeignete Maßnahmen einleiten zu können.

Zeitpunkt der Entdeckung
• Fehler gelten als entdeckt, wenn der Zeitpunkt der Entdeckung eine Reduzierung bzw. eine Vermeidung der ursprünglichen Fehlerfolge ermöglicht, z. B. zu wenig Motoröl, Warnung im Kombiinstrument, bevor Motorschaden eintritt.

Fehlerentdeckung durch das System
• automatische Fehlererkennung durch Plausibilisierung, Monitoring/Diagnose …
• z. B. ABS-Sensorüberwachung

den Nutzer
• starke Geräusche
• verändertes Fahrverhalten
• reduzierte Motorleistung
• Warnlampen
• akustische Warnung
• Ölflecken am Boden
• auffallender Geruch

die Diagnose
• Aufwand der Fehlersuche (Zeit, Kosten, Messmittel usw.), z. B. Stoßdämpfertest, Fehlerspeicher auslesen</td></tr>
<tr><td>gering

8 – 7</td><td>Die Wahrscheinlichkeit ist gering, dass der Fehler überhaupt oder rechtzeitig entdeckt wird.
• Monitoring/Diagnose von Teilumfängen der zu überwachenden Funktionen bzw. nur unter bestimmten Betriebsbedingungen durch das System oder den Nutzer.
• Veränderte Funktion, z. B. komfortabler Ersatzbetrieb.
• Bei der Diagnose nur mit hohem Aufwand entdeckbar.</td></tr>
<tr><td>mäßig

6 – 5
– 4</td><td>Die Wahrscheinlichkeit ist mäßig, dass der Fehler überhaupt oder rechtzeitig entdeckt wird.
• Monitoring/Diagnose von Teilumfängen der zu überwachenden Funktionen durch das System.
• Funktionsausfall/Ersatzbetrieb und/oder mit Warnung des Nutzers, z. B. durch statisch angesteuerte Warnlampe.
• Bei der Diagnose mit vertretbarem Aufwand entdeckbar.</td></tr>
<tr><td>hoch

3 – 2</td><td>Die Wahrscheinlichkeit ist hoch, dass der Fehler rechtzeitig entdeckt wird.
• Monitoring und Diagnose der zu überwachenden Funktionen durch das System.
• Funktionsausfall und Ersatzbetrieb mit deutlich spürbarer Beeinträchtigung und/oder mit Warnung des Nutzers, z. B. durch blinkende Warnleuchte.
• Bei der Diagnose sicher mit geringem Aufwand entdeckbar, z. B. durch Serviceroutine.</td></tr>
<tr><td>sehr hoch

1</td><td>Der Fehler wird sicher und rechtzeitig entdeckt.
• Hochwertiges und unabhängiges Monitoring und Diagnose der zu überwachenden Funktionen durch das System.
• Keinerlei Common-Cause-Effekte zwischen Fehlerursache und Entdeckungsmaßnahmen vorstellbar.
Funktionsausfall/Ersatzbetrieb mit sehr deutlich spürbarer Beeinträchtigung und/oder mit eindeutig wahrnehmbarer Warnung des Nutzers, z. B. durch ein akustisches Signal.
• Durch Eigendiagnose/Anzeige ohne zusätzliche Prüfmittel sicher entdeckbar durch den Nutzer oder die Diagnose.</td></tr>
</table>

Tabelle 12: *Beispiele für Bewertungstabellen zur Produkt-FMEA Entdeckungswahrscheinlichkeit E Produkt im Kundenbetrieb. Quelle: VDA Band 4, Kapitel 3, Produkt- und Prozess-FMEA*

4 Praxisbeispiel Prozess-FMEA

Mit dem Beispiel „Klöppelherstellung“ wird die Vorgehensweise bei der Prozess-FMEA für Fertigung und Montage gezeigt. Die Vorgehensweise bei einer Prozess-FMEA unterscheidet sich nicht von einer Produkt-FMEA. Auch hier erfolgt ein Vorgehen in den fünf Schritten

- 1. Schritt: Strukturanalyse,
- 2. Schritt: Funktionsanalyse,
- 3. Schritt: Fehleranalyse,
- 4. Schritt: Maßnahmenanalyse und
- 5. Schritt: Optimierung.

Der Schwerpunkt bei diesem Beispiel liegt darauf, aufzuzeigen, wie ein Prozess als System strukturiert wird.

Das erforderliche Fachwissen zu ihrer Erstellung liegt schwerpunktmäßig bei der Fertigungsplanung, der Fertigung und der Qualitätssicherung. Bei der Prozess-FMEA handelt es sich nicht um die Betrachtung von Fehlfunktionen, die aus der konstruktiven Auslegung von Fertigungseinrichtungen herrühren, sondern um ablauforientierte Fehlerursachen, die die spezifikationsgerechte Herstellung von Merkmalen und Eigenschaften verhindern.

Die Maschinen-FMEA entspricht einer Produkt-FMEA und ist identisch mit den im vorhergehenden Kapitel beschriebenen Inhalten für Produkte. Sie ist eine tiefer gehende Ebene von der Prozess-FMEA zur Produkt-FMEA und betrachtet die möglichen Fehlfunktionen des konstruktiven Konzepts von Fertigungseinrichtungen.

Das Fachwissen für die Bearbeitung der Produkt-FMEA Maschine und letztlich auch der Konstruktions-FMEA Maschine liegt schwerpunktmäßig beim Maschinenkonstrukteur und nicht mehr beim Fertigungsplaner. Wie für Produkte bereits beschrieben wurde, so gibt es auch hier die Schnittstellen zwischen unterschiedlichen FMEA-Varianten. Die Festlegung dieser Schnittstellen ist für die sinnvolle Arbeitsaufteilung bei der FMEA-Erstellung wichtig.

4.1 1. Schritt: Strukturanalyse „Klöppelherstellung"

Die Voraussetzung für die Prozess-FMEA ist die Systemanalyse. Bild 25 zeigt die generelle Systemstruktur von Prozessen und Abläufen.

Aus der Produktionsprozessplanung der Klöppelherstellung leiten sich die einzelnen Arbeitsfolgen und Abläufen des Herstellprozesses ab (Bild 26, S. 90).

4.2 2. Schritt: Funktionsanalyse

Zu den einzelnen Arbeitsfolgen werden entsprechend der Anfordungen die notwendigen Abläufe benannt. Bild 27, S. 90 beschreibt exemplarisch die Zuordnung der einzelnen Arbeitsfolgen zum Ablauf der „Klöppelherstellung". Daraus werden im nächsten Schritt die unterschiedlichen Fehlfunkionen abgeleitet.

4.3 3. Schritt: Fehleranalyse „Klöppelherstellung"

Ausgehend von den Anforderungen werden die notwendigen Abläufe definiert und die möglichen Abweichungen aufgezeigt. Die Fehlfunktionen, d. h. die Nichterfüllung von An-

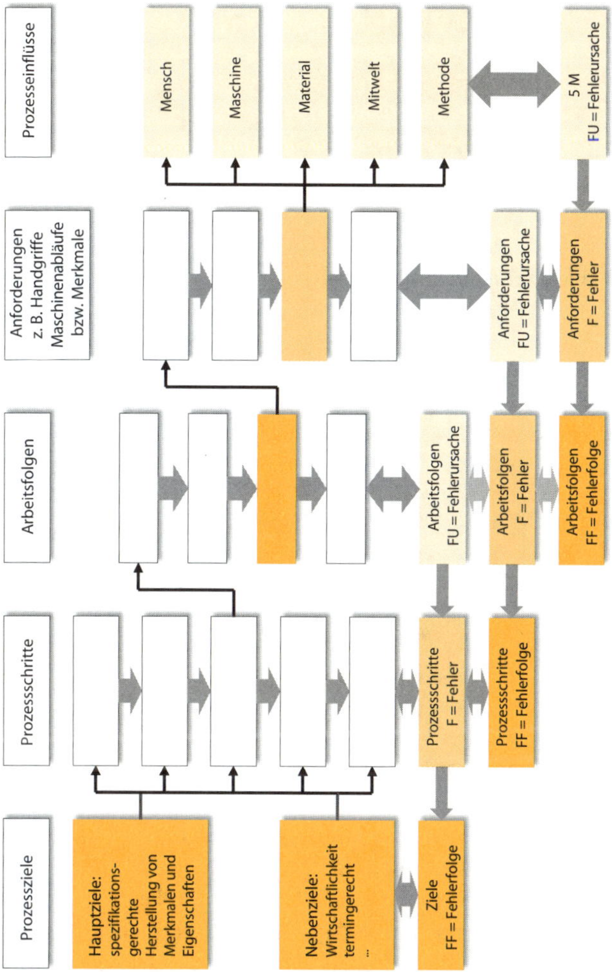

Bild 25: *Systemstruktur von Prozessen und Abläufen*

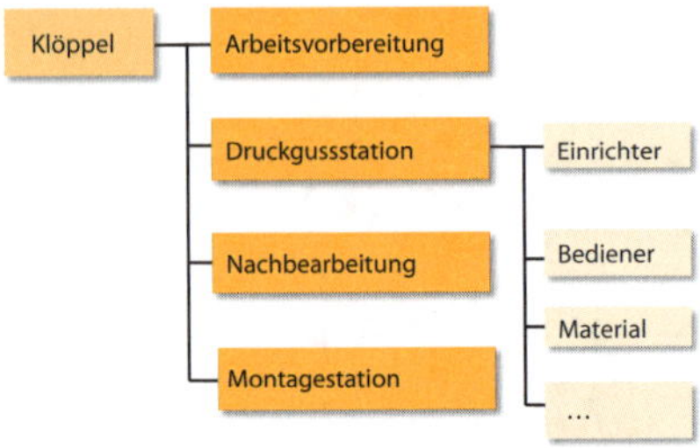

Bild 26: *Arbeitsfolgen „Klöppelherstellung"*

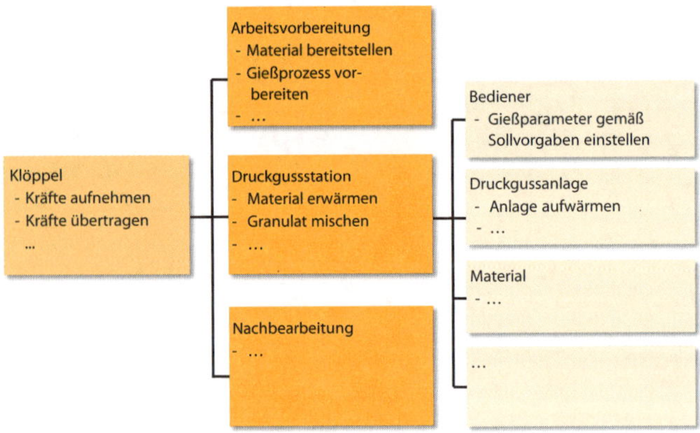

Bild 27: *Ablauf „Klöppelherstellung"*

forderungen und Aufgaben innerhalb des Prozesses, werden in der System-FMEA als Fehler betrachtet (Bild 28).

Im Formblatt (Bild 29, S.92), stehen die Fehlfunktionen der Druckgussstation in der Spalte „Möglicher Fehler".

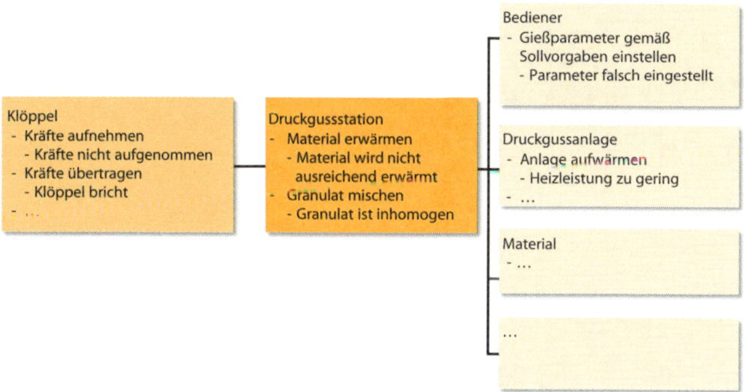

Bild 28: *Fehleranalyse „Klöppelherstellung"*

4.4 4. Schritt: Maßnahmenanalyse

Im vierten Schritt der Prozess-FMEA werden die Ergebnisse der Fehleranalyse bewertet.

B Bedeutung

Ausgehend von den Fehlern des Prozesses wird untersucht, welche Fehlerfolgen für die Bauteile und damit für den Endverbraucher auftreten werden. Die Bewertungen der Bedeutung werden entsprechend Tabelle 13, S. 93 festgelegt. Sie werden in das Formblatt eingetragen.

Bewertungen für die Bedeutungen von Prozessfehlern für interne Kunden können ebenfalls betrachtet werden. Die VDA-Bewertungsgrundlage nach Tabelle 13 gilt hierfür nicht, weil der interne Kunde andere Bedeutungsmaßstäbe als der Endverbraucher haben kann. Diese Bewertungsgrundlagen sind intern festzulegen.

	Fehler-Möglichkeits- und Einfluss-Analyse ☒ Produkt-FMEA ☐ Prozess-FMEA			FMEA-Nr.: 08/15 Seite
Typ/Model/Fertigung/Charge:		Sach-Nr.: Änderungsstand:	Verantw.: Firma:	Abt.: Datum:
System-Nr./Systemelement: Funktion/Aufgabe:	Druckguss-Station Material erwärmen	Sach-Nr.: 1 691 950 Änderungsstand:	Verantw.: Heinrich Firma:	Abt.: PP-10 Datum: 31.01.

Mögliche Fehlerfolgen	B	Möglicher Fehler	K	Mögliche Fehlerursachen	Vermeidungs-maßnahmen	A	Entdeckungs-maßnahmen	E	RPZ	V/T
<Klöppel> Klöppel bricht		Material wird nicht ausreichend erwärmt		<Bediener> Parameter falsch eingestellt						

Bild 29: *Formblatt mit Fehleranalyse*

B	Allgemeine Bewertungskriterien Prozess für Bedeutung B	Anwendungsbezogene Bewertungskriterien können sein:
sehr hoch **10 – 9**	**Äußerst schwerwiegender Fehler, der die Sicherheit beeinträchtigt und/oder die Einhaltung gesetzlicher Vorschriften verletzt. Existenzbedrohendes Firmenrisiko. Aus Qualitätsgründen kann Produkt nicht ausgeliefert werden. Unakzeptable Kostenüberschreitung**	Sicherheit, Auswirkungen auf • Werker (Direkteinwirkung) • andere Personen (Fertigung, Umwelt usw.) • Gesundheit der Werker und anderer (langfristige Auswirkung) • usw. Einhaltung gesetzlicher Vorschriften bezüglich • Umwelt • Unfallverhütung • Ergonomie am Arbeitsplatz, Arbeitsbedingungen • Arbeitnehmerschutz • usw. Qualität gewährleisten • Null-Fehler-Ziel • Prozessfähigkeit • Merkmale/Funktion • geeignete Transportmittel • usw. Kosten durch • erhöhte Betriebskosten • Recycling (z. B. Betriebsstoffe) • Nacharbeit, Schrott, • Werkzeug und Maschinenkosten (z. B. erhöhter Verschleiß, Beschädigung) • Verwaltungsaufwand • Prüfaufwand • Prozessstörungen • Lieferverzug • Rückrufaktion • usw. Firmenrisiko • Imageverlust • Kosten • usw. **Die Fehlerfolgen müssen gemeinsam zwischen Hersteller und Kunden (nächster Abnehmer) festgelegt und bewertet werden. Wenn die Fehlerfolgen nicht bekannt sind, ist die Bedeutung mit B = 10 zu bewerten.**
hoch **8 – 7**	**Stark verzögerte Auslieferung Hoher Anteil Nacharbeit Bandstillstand Werkzeugverschleiß/-beschädigung hoch Hohe Kostenüberschreitung Verschrottungsanteil hoch**	
mäßig **6 – 5 – 4**	**Verzögerte Auslieferung Mäßiger Anteil Nacharbeit Prozessstörung Werkzeugverschleiß/-beschädigung mäßig Mäßige Kostenüberschreitung Verschrottungsanteil mäßig**	
gering **3 – 2**	**Geringe Nacharbeit Geringe Prozessstörung Geringe Kostenüberschreitung Verschrottungsanteil gering**	
sehr gering **1**	**Sehr geringe, akzeptable Kostenüberschreitung**	

Tabelle 13: *Beispiele für Bewertungstabellen zur Prozess-FMEA; allgemeine Bedeutungskriterien B Prozess (Quelle: VDA Band 4, Kapitel 3, Produkt- und Prozess-FMEA)*

VM Vermeidungsmaßnahmen

Für die betrachteten Fehlerursachen werden die Vermeidungsmaßnahmen beschrieben, die zum Untersuchungszeitpunkt bereits durchgeführt sind oder gerade durchgeführt werden.

Die Vermeidungsmaßnahmen sind Maßnahmen, die das Auftreten von Fehlerursachen im Prozess minimieren. Diese Maßnahmen werden in die Formblattspalte „Vermeidungsmaßnahmen" eingetragen.

Beispiele zu Vermeidungsmaßnahmen bei der Prozess-FMEA

- Vorrichtung verwenden,
- Zweihandbedienung bei Maschinen,
- Folgeteil wird aufgesetzt,
- formgebundene Lage.

A Auftretenswahrscheinlichkeit

Unter Berücksichtigung aller aufgelisteten Vermeidungsmaßnahmen für jede Fehlerursache wird anhand von Tabelle 14 die Bewertungszahl A für die Auftretenswahrscheinlichkeit bestimmt und ins Formblatt eingetragen.

EM Entdeckungsmaßnahmen

Entdeckungsmaßnahmen sind die zur Absicherung eines Herstellungsprozesses wirksamen Prüfmaßnahmen. Für die möglichen Fehlerursachen der Fehler werden die Entdeckungsmaßnahmen beschrieben, die zum Untersuchungszeitpunkt bereits durchgeführt wurden.

Entdeckungsmaßnahmen sind Maßnahmen, die bereits

A	Prozessauslegung	Anwendungsbezogene Bewertungskriterien können sein:
sehr hoch **10 – 9**	**Neuer Prozess ohne Erfahrung**	**A beschreibt die Einschätzung/Bestätigung der Auftretenswahrscheinlichkeit der Fehlerursache unter Berücksichtigung der zugehörigen Vermeidungsmaßnahme.** **Einschätzung** • Bei der präventiven Erstellung der FMEA wird vor Durchführung der Entdeckungsmaßnahmen der nach dem aktuellen Kenntnisstand erwartete A-Wert eingeschätzt. • Die Bewertungszahl ist stets als relative Einschätzung statt als absolute Maßzahl nach dem aktuellen Kenntnisstand zu verstehen. **Bestätigung** • Nach Einsatz der Entdeckungsmaßnahme im Prozess und Nachweis der Wirksamkeit der Vermeidungsmaßnahmen wird die A-Bewertung entsprechend dem Ergebnis der Entdeckungsmaßnahme bestätigt oder korrigiert. Für bestimmte Anwendungsfälle kann eine nachvollziehbare Zuordnung der A-Werte zu Fehlerraten, z. B. ppm-Werten, sinnvoll sein.
hoch **8 – 7**	**Neuer Prozess mit bekannten, jedoch problematischen Verfahren**	
mäßig **6 – 5 – 4**	**Neuer Prozess mit Übernahme von bekannten Verfahren** **Bewährter Prozess mit positiver Serienerfahrung unter geänderten Bedingungen**	
gering **3 – 2**	**Detailänderungen an bewährten Prozessen mit positiver Serienerfahrung unter vergleichbaren Bedingungen**	
sehr gering **1**	**Neuer Prozess unter geänderten Bedingungen mit positiv abgeschlossenem Maschinenfähigkeits-/Prozessfähigkeitsnachweis** **Bewährter Prozess mit positiver Serienerfahrung unter vergleichbaren Bedingungen auf vergleichbaren Anlagen**	

Tabelle 14: *Beispiele für Bewertungstabellen zur Prozess-FMEA; Auftretenswahrscheinlichkeit A zur Prozessauslegung (Quelle: VDA Band 4, Kapitel 3, Produkt- und Prozess-FMEA)*

aufgetretene Fehlerursachen entdecken. Entdeckungsmaßnahmen sind alle zur Absicherung eines Herstellungsprozesses wirksamen Prüfmaßnahmen. Sinnvoll ist die frühestmögliche Entdeckung in der Ursache-Wirkungs-Kette. Diese Maßnahmen werden in die Formblattspalte „Entdeckungsmaßnahmen“ eingetragen.

E Entdeckungswahrscheinlichkeit

Die Bewertung für jede Fehlerursache unter Berücksichtigung aller hierzu aufgelisteten Entdeckungsmaßnahmen wird durchgeführt. Für jede Fehlerursache wird anhand von Tabelle 15 die Bewertungszahl E für die Entdeckungswahrscheinlichkeit bestimmt und in das Formblatt eingetragen.

Bei den entdeckenden Prüfmaßnahmen muss beachtet werden,

- ob die Prüfmaßnahmen für die Entdeckung der Fehlerursache geeignet ist,
- ob die Prüfmaßnahmen zum richtigen Zeitpunkt greifen und
- ob die Prüfhäufigkeit ausreichend ist.

Beispiele zu Entdeckungsmaßnahmen bei der Prozess-FMEA

- Sichtprüfung,
- Sichtprüfung mit Musterkatalog,
- optische Prüfung mit Grenzmuster,
- Maßprüfung,
- attributive Prüfung,
- Stichproben.

E	Entdeckung im Prozess	Anwendungsbezogene Bewertungskriterien können sein:
sehr gering **10 – 9**	**Sehr geringe Entdeckungswahrscheinlichkeit des Fehlers, da kein Nachweisverfahren bekannt bzw. kein Nachweisverfahren festgelegt ist.**	Mit E wird die Wirksamkeit der Entdeckungsmaßnahme EM bewertet! Nach der Erprobung (Wirksamkeitsnachweis) der Entdeckungsmaßnahme wird die anfänglich eingeschätzte E-Bewertung entsprechend dem Ergebnis bestätigt oder korrigiert. Ziele der Entdeckungsmaßnahmen: • als Nachweisverfahren für die Auslegung des Prozesses • zur Bestätigung oder Korrektur der anfangs eingeschätzten Auftretenswahrscheinlichkeit • zur Vermeidung bzw. Reduzierung der Lieferung fehlerhafter Komponenten an den Kunden Bei den Nachweisverfahren sind zu berücksichtigen: • die Entdeckung des Fehlers vor Auslieferung an den Kunden • frühzeitige Erkennung eines Fehlers in der Wertschöpfungskette (Kosten) • Prüfung aller Teile zu 100 % bzw. Auswahlprüfung Stückzahl/Zeit usw. • Prüfung aller Merkmale/Funktionen bzw. Teilumfänge • Wirksamkeit des Prüfverfahrens • automatische Prüfung • manuelle Prüfung • Nachweis der Prüfmittelfähigkeit • Werkerselbstprüfung (grobe/feine Merkmalsabweichung) • Handling der fehlerhaften Teile, z. B. Kennzeichnung/Ausschleusung fehlerhafter Teile • Unterscheidung systematischer/sporadischer Fehler wie Werkzeugverschleiß, Schmutz usw. • Erfahrungen mit der Entdeckungsmaßnahme • in der Planung geforderte Prüfmittelfähigkeit • Bewährungsphase, Nachweis der Prüfmittelfähigkeit • usw.
gering **8 – 7**	**Geringe Entdeckungswahrscheinlichkeit des Fehlers, da Nachweisverfahren unsicher ist bzw. keine Erfahrung mit dem festgelegten Nachweisverfahren vorliegt.**	
mäßig **6 – 5 – 4**	**Mäßige Entdeckungswahrscheinlichkeit des Fehlers. Bewährtes Nachweisverfahren aus vergleichbaren Prozessen unter neuen Einsatz-/Randbedingungen (Maschinen, Material).**	
hoch **3 – 2**	**Hohe Entdeckungswahrscheinlichkeit des Fehlers durch bewährtes Nachweisverfahren. Die geforderte Messgerätefähigkeit vom Nachweisverfahren zur Fehlererkennung ist bestätigt.**	
sehr hoch **1**	**Sehr hohe Entdeckungswahrscheinlichkeit des Fehlers durch bewährtes Nachweisverfahren an Vorgängergeneration. Die Wirksamkeit wurde an diesem Produkt bestätigt.**	

Tabelle 15: *Beispiele für Bewertungstabellen zur Prozess-FMEA; Entdeckungswahrscheinlichkeit E zur Prozessauslegung (Quelle: VDA Band 4, Kapitel 3, Produkt- und Prozess-FMEA)*

RPZ Risikoprioritätszahl

Mithilfe der RPZ, die aus den Bewertungszahlen B, A und E berechnet werden, sind Schwachstellen des Prozesses quantifiziert. Die RPZ werden in das Formblatt eingetragen. Sie dienen als Endscheidungskriterien zur Einleitung von Optimierungen (Bild 30).

In den Tabellen 13 bis 15 sind Beispiele für Bewertungstabellen zur Prozess-FMEA für die Bedeutung, Auftretenswahrscheinlichkeit und Entdeckungswahrscheinlichkeit der Prozessauslegung dargestellt.

4.5 5. Schritt: Optimierung durchführen

Wie bei der Produkt-FMEA werden nun Maßnahmen zur Bekämpfung der Fehlerursachen definiert und entsprechend umgesetzt.

Bei hohen Bewertungszahlen B, A und E oder hohen RPZ sind Optimierungen erforderlich. Optimierungen können nach folgender Risikomatrix Prozess erfolgen (Bild 31, S. 100).

Das Formblatt mit Bewertung, Maßnahmenvorschlag und optimiertem Änderungszustand zeigt Bild 32, S. 101.

Abschließend zeigt Tabelle 16, S. 102 Beispiele für Bewertungstabellen zur Prozess-FMEA für die Auftretenswahrscheinlichkeit mit Zuordnung zu den Fehlerraten.

Fehler-Möglichkeits- und Einfluss-Analyse

☒ Produkt-FMEA ☐ Prozess-FMEA

Typ/Model/Fertigung/Charge:	Sach-Nr.: Änderungsstand:	Verantw.: Firma:	FMEA-Nr.: 08/15 Seite Abt.: Datum:
System-Nr./Systemelement: Glocke Funktion/Aufgabe: Warnsignal erzeugen	Sach-Nr.: 1 691 950 Änderungsstand:	Verantw.: Heinrich Firma:	Abt.: PP-10 Datum: 31.01.

Mögliche Fehlerfolgen	B	Möglicher Fehler	K	Mögliche Fehlerursachen	Vermeidungsmaßnahmen	A	Entdeckungsmaßnahmen	E	RPZ	V/T
<Klöppel> Klöppel bricht	10	Material wird nicht ausreichend erwärmt		<Bediener> Parameter falsch eingestellt	Anfangsstand Prozessplanung 31.01.					
					Arbeitsanweisung 12-521 beachten	5	Teileprüfung nach Prüfvorschrift 1-234-5	4	200	
					zu hohes Risiko					

B = Bewertungszahl für die Bedeutung
RPZ = Risikoprioritätszahl
A = Bewertungszahl für die Auftretenswahrscheinlichkeit
V = Verantwortlichkeit
E = Bewertungszahl für die Entdeckungswahrscheinlichkeit
T = Termin für die Erledigung

Bild 30: *Bewertung und Maßnahmen im Formblatt „Prozess-FMEA"*

Risikomatrix Prozess (Beispiel)

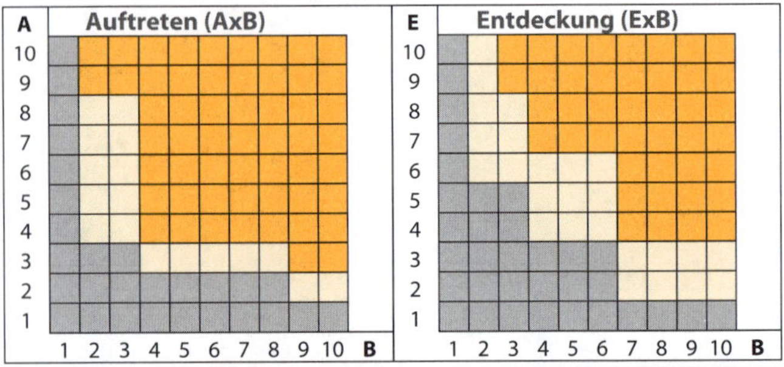

Auftreten									
Entdeckung									
Maßnahmen	ja	ja	ggf.	ja	ggf.	nein	ggf.	nein	nein

Bild 31: *Risikomatrix zur Optimierungsentscheidung Prozess-FMEA*

	Fehler-Möglichkeits- und Einfluss-Analyse ☒ Produkt-FMEA ☐ Prozess-FMEA			FMEA-Nr.: 08/15 Seite
Typ/Model/Fertigung/Charge:		Sach-Nr.: Änderungsstand:	Verantw.: Firma:	Abt.: Datum:
System-Nr./Systemelement: Glocke Funktion/Aufgabe: Warnsignal erzeugen		Sach-Nr.: 1 691 950 Änderungsstand:	Verantw.: Heinrich Firma:	Abt.: PP-10 Datum: 31.01.

Mögliche Fehlerfolgen	B	Möglicher Fehler	K	Mögliche Fehlerursachen	Vermeidungs-maßnahmen	A	Entdeckungs-maßnahmen	E	RPZ	V/T
<Klöppel> Klöppel bricht	10	Material wird nicht ausreichend erwärmt		<Bediener> Parameter falsch eingestellt	Anfangsstand Prozessplanung 31.01.					
					Arbeitsanweisung 12-521 beachten	5	Teileprüfung nach Prüfvorschrift 1-234-5	4	200	
					Änderungsstand Prozessplanung 03.02.					
					Material Data-Matrix Code einlesen, automatische Zuordnung der Parameter	(2)	Kontrolle der Einleserückmeldung durch den Maschinenführer	(2)	(40)	Planfix, W1-15 10.02.
				<Druckgussanlage> Heizleistung zu gering						

B = Bewertungszahl für die Bedeutung
RPZ = Risikoprioritätszahl
A = Bewertungszahl für die Auftretenswahrscheinlichkeit
V = Verantwortlichkeit
E = Bewertungszahl für die Entdeckungswahrscheinlichkeit
T = Termin für die Erledigung

Bild 32: *Optimierter Änderungsstand Prozess-FMEA*

A	Prozessauslegung	Prozess-auslegung Fehlerrate in ppm	Anwendungsbezogene Bewertungskriterien können sein:
10	**Neuer Prozess ohne Erfahrung.**	500.000	**A beschreibt die Einschätzung/Bestätigung der Auftretenswahrscheinlichkeit der Fehlerursache unter Berücksichtigung der zugehörigen Vermeidungsmaßnahme.** **Einschätzung** • Bei der präventiven Erstellung der FMEA wird vor Durchführung der Entdeckungsmaßnahmen der nach dem aktuellen Kenntnisstand erwartete A-Wert eingeschätzt. • Die Bewertungszahl ist stets als relative Einschätzung statt als absolute Maßzahl nach dem aktuellen Kenntnisstand zu verstehen. **Bestätigung** • Nach Einsatz der Entdeckungsmaßnahme im Prozess und Nachweis der Wirksamkeit der Vermeidungsmaßnahmen wird die A-Bewertung entsprechend dem Ergebnis der Entdeckungsmaßnahme bestätigt oder korrigiert. Für bestimmte Anwendungsfälle kann eine nachvollziehbare Zuordnung der A-Werte zu Fehlerraten, z. B. ppm-Werten, sinnvoll sein.
9		100.000	
8	**Neuer Prozess mit bekannten, jedoch problematischen Verfahren.**	30.000	
7		10.000	
6	**Neuer Prozess mit Übernahme von bekannten Verfahren.** **Bewährter Prozess mit positiver Serienerfahrung unter geänderten Bedingungen.**	5.000	
5		2.000	
4		500	
3	**Detailänderungen an bewährten Prozessen mit positiver Serienerfahrung unter vergleichbaren Bedingungen.**	100	
2		10	
1	**Neuer Prozess unter geänderten Bedingungen mit positiv abgeschlossenem Maschinenfähigkeits-/Prozessfähigkeitsnachweis.** **Bewährter Prozess mit positiver Serienerfahrung unter vergleichbaren Bedingungen auf vergleichbaren Anlagen.**	1	

Tabelle 16: *Beispiele für Bewertungstabellen zur Prozess-FMEA; Entdeckungswahrscheinlichkeit E zur Prozessauslegung (Quelle: VDA Band 4, Kapitel 3, Produkt- und Prozess-FMEA)*

5 Aufwand und Nutzen

Eine präventive Qualitätsmanagementstrategie hat das Ziel, das Auftreten von Fehlern in frühen Entwicklungs- und Planungsphasen sowie in der laufenden Leistungserstellung zu verhindern. Die betriebswirtschaftliche Wirkung der Prävention liegt in dem Potenzial aus der Vermeidung von Fehlern bzw. der Minimierung von Zielabweichungen und deren Folgen, die einen wirtschaftlichen Verlust oder Gewinnentgang bedeuten.

Ausgehend von diesem Bewusstsein ist jede Nichterreichung der vorgegebenen Ziele bzw. jede Aktivität oder Investition, die nicht direkt oder indirekt auf die Erreichung des Ziels ausgerichtet ist, als entgangener Gewinn oder vermeidbarer Kostenaufwand anzusehen. In der jüngeren Literatur findet man für dieses Potenzial die Begriffe Abweichungs- und Zielabweichungskosten oder Fehlleistungsaufwand. Was darunter im Detail zu verstehen ist, wird später näher präzisiert.

Bekannte Vertreter dieser Kostenkategorie sind die internen und externen Fehlerkosten, die in Verbindung mit den Fehlervermeidungs- und Prüfkosten zu den sogenannten Qualitätskosten zusammengefasst sind. Eine kritische Betrachtung des heute noch üblichen Qualitätskostensystems zeigt einige Schwächen auf.

Zu den internen Fehlerkosten rechnet man die in der Produktion anfallenden Kosten durch Ausschuss, Nacharbeit, Sortierprüfungen, 0-km- bzw. 0-h-Bandausfälle und sonstigen ereignisorientierten Kosten. Externe Fehlerkosten bestehen unter anderem aus Kulanz- und Garantiekosten, Kosten für Produkthaftung und Kosten aus Rückrufaktionen. Die Fehlerkosten betragen mehrere Prozent des Umsatzes und stellen damit ein beachtliches Einsparungspotenzial dar. Eine Reduktion der Fehlerkosten ist nur dann möglich, wenn die Fehlerursachen und damit die Fehler selbst beseitigt werden. Eine Analyse eines deutschen Industrieunternehmens ergab, dass in der Entwicklungsphase etwa 75 % der Fehler entstehen, diese jedoch zu ca. 80 % in der Produktion und im Einsatz der Produkte behoben werden (siehe Bild 33).

Präventives Qualitätsmanagement (QM) ist demnach nur dann sinnvoll bzw. effektiv und kostenwirksam, wenn die Methoden, wie z. B. die FMEA, in den Phasen der Fehlerentstehung angewandt werden und somit die Zeitdifferenz zwischen der Festlegung und Entdeckung des Fehlers minimal ist (Bild 34).

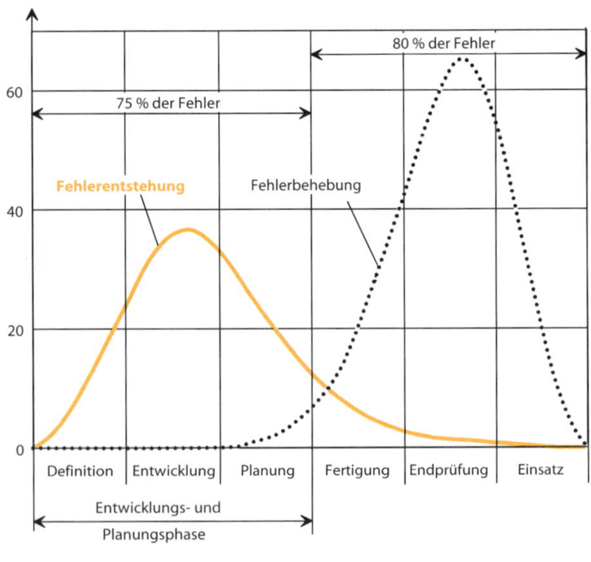

Bild 33: *Diskrepanz zwischen Fehlerentstehung und Fehlerbehebung*

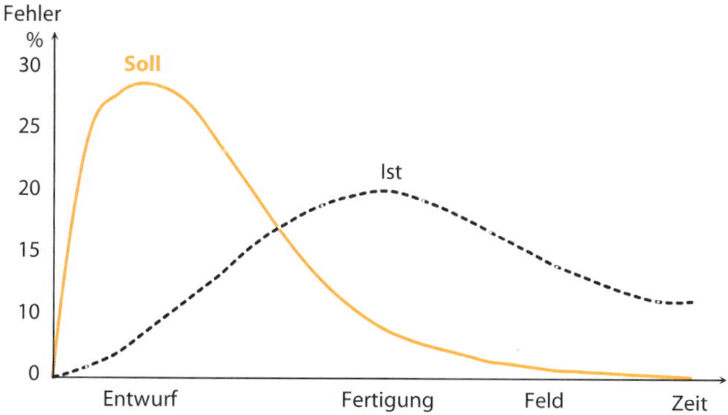

Bild 34: *Zeitpunkt der Fehlerentdeckung*

Neben der Reduzierung der Fehlerkosten sinken bei dieser Vorgehensweise die Kosten für Änderungen. Zum einen sinkt die Anzahl der Änderungen und zum anderen kostet eine Änderung umso weniger, je früher der Fehler entdeckt wurde. Bild 35, S. 106 erläutert diesen Zusammenhang.

Des Weiteren erhöht eine frühe Entdeckung die Terminsicherheit und damit die Einhaltung des geplanten Serieneinsatzes. Ein verspäteter Verkauf bedeutet eine verlorene Umsatzphase, die im Käufermarkt aufgrund der Vergänglichkeit von Technologie und Design im Wettbewerb mit der Konkurrenz schwer aufholbar ist (Bild 36, S. 107).

Eine **konsequente Anwendung der FMEA-Methode,** die sich auf alle Unternehmensbereiche erstreckt, **reduziert den Fehlleistungsaufwand** und sichert damit kurz- bis mittel- und langfristig die Erlöse. In Bild 37 (s. S. 107) ist dieser Zusammenhang wiedergegeben.

Die Kosten der Methoden des präventiven QM fallen prinzipbedingt schon in den frühen Phasen der Produktentwick-

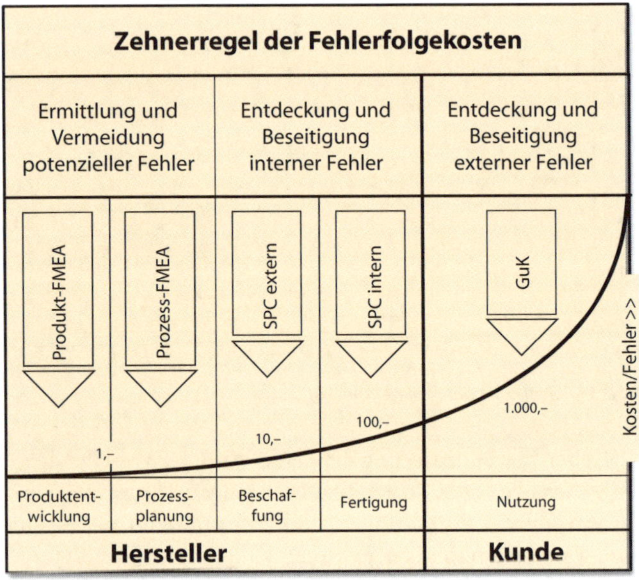

SPC – Statistical Process Control (Statistische Prozessregelung)
GuK – Gewährleistung und Kulanz

Bild 35: *Änderungskosten in den verschiedenen Produktphasen (eigene Darstellung nach Schmitt/Pfeifer 2010)*

lung an. Obwohl die Kosten im Vergleich zu dem riesigen Potenzial aus der Reduktion des Fehlleistungsaufwands gering sind, fällt es dem Topmanagement schwer – vor allem in Zeiten der Kapitalknappheit –, ein durchgängiges präventives Qualitätsmanagement zu unterhalten. Die prinzipiellen Vorteile sind bekannt, aber die monetäre Auswirkung bzw. die Rentabilität als Managementinformation ist schwer nachweisbar.

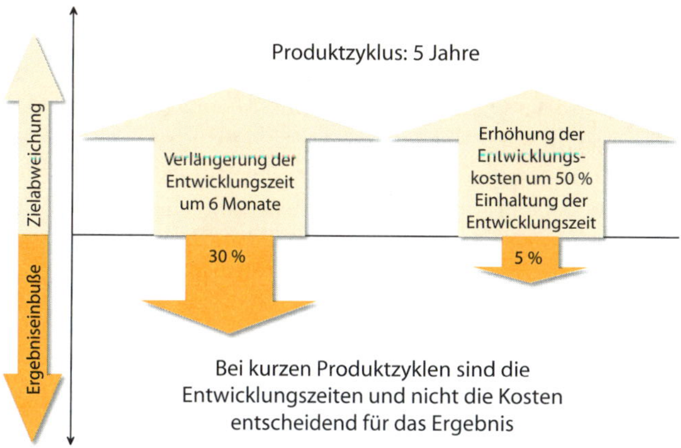

Bild 36: *Ergebniswirkung von Entwicklungszeiten und Entwicklungskosten*

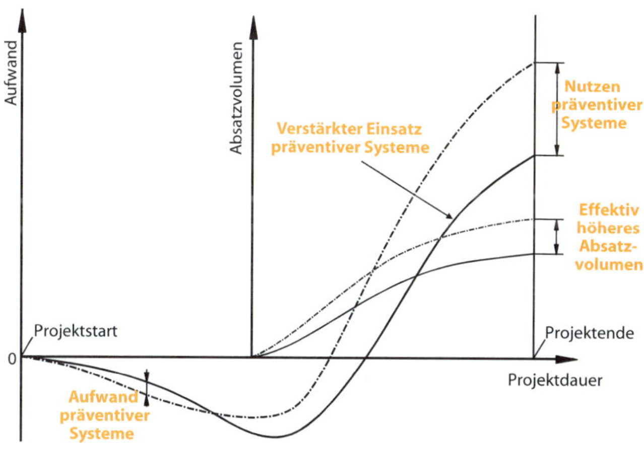

Bild 37: *Wirtschaftliche Wirkung präventiver Systeme im Projektablauf*

Dies hat mehrere Gründe:

- Der Fehlleistungsaufwand – und damit das Potenzial – ist schwer erfassbar. Die traditionelle Kostenstellenrechnung ist hierfür keine geeignete Informationsquelle.
- Die Einsparungen und Umsatzsteigerungen aus der Methodenanwendung sind mit einer Wahrscheinlichkeit behaftet und der Größe nach nicht bekannt.
- Der Erfolg zeigt sich meist erst nach einigen Bilanzperioden.

Der Einsatz präventiver Systeme wie der FMEA ist zunächst mit einem zusätzlichen Bedarf an Zeit und Kosten verbunden, verringert aber mit einer gewissen Zeitverzögerung zu einem erheblichen Teil die Gesamtkosten des Unternehmens (Bild 38).

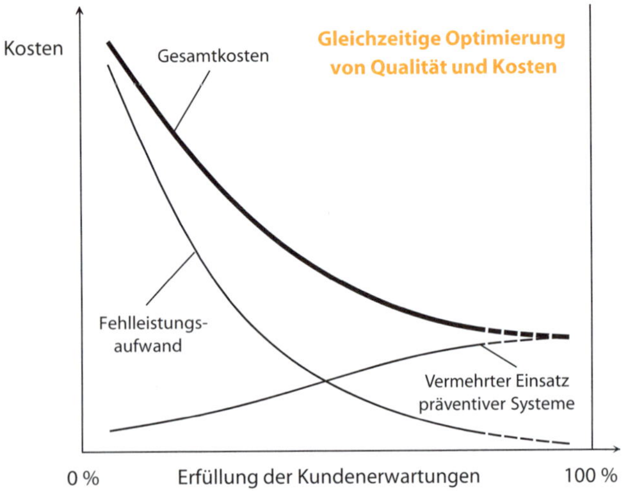

Bild 38: *Kosteneinfluss präventiver Systeme*

6 Einführung und Schulung der FMEA

Die Einführung der FMEA sollte „top-down" vorgenommen werden, damit Vorbehalte und Widerstände von vornherein gering gehalten werden können. Hierzu gehört ebenfalls die eindeutige und offene Information aller (!) Beteiligten. Es sollte ein Promotor in der Geschäftsleitung gewonnen werden, der den fachlich-sachlichen Empfehlungen des FMEA-Teams das erforderliche Gewicht zur Realisierung verleiht.

In größeren Unternehmen laufen viele Projekte und darin enthaltene FMEAs parallel ab. Hier empfiehlt es sich, ein hochrangig besetztes FMEA-Lenkungsgremium – eventuell als Teilmenge eines Projektlenkungskreises – zu etablieren, das Prioritäten setzt, Aufgaben an die FMEA-Teams verteilt und bei Verzögerungen eingreifen kann.

6.1 Voraussetzungen

6.1.1 Beschluss der Geschäftsleitung

Die Einführung der FMEA-Methode bedeutet eine Abkehr vom vielfach praktizierten Krisenmanagement und den Übergang zum präventiven Qualitätsmanagement im ganzen Unternehmen. Wegen der langfristigen und umfassenden Bedeutung dieser Neuorientierung kann nur die Geschäftsleitung den Entschluss fassen, begründen und bekannt geben.

Die aktive Unterstützung während der Einführungsphase der FMEA und sichtbares Interesse an den späteren Erfolgen sind für das Topmanagement weitere wesentliche Folgen der grundsätzlichen Entscheidung.

6.1.2 Information der Führungskräfte

Jede neue Vorgehensweise im Unternehmen muss von den Führungskräften sämtlicher Ebenen getragen und vertreten werden. Daher muss der rechtzeitigen (vorher!), offenen und umfassenden Information dieses Personenkreises entsprechende Beachtung geschenkt werden.

Der Bedeutung der Aufgabe entsprechend sollte ein Mitglied der Geschäftsleitung die Information übernehmen; fachliche Unterstützung können gegebenenfalls externe Berater oder Mitarbeiter befreundeter Unternehmen liefern. Die einführende Information sollte zwischen einer und zwei Stunden dauern, wobei den Fachvorgesetzten die längere Bemühung gilt.

Der Aufwand zum Einbinden sämtlicher Führungskräfte in die FMEA (und in die eventuell noch weiter reichenden Bestrebungen) ist wesentlich, weil dieser Mitarbeiterkreis später die erforderlichen Personalkapazitäten zur Durchführung der Analyse zur Verfügung stellen soll und bei der Realisierung der erarbeiteten Abhilfemaßnahmen die entscheidende Rolle spielt.

6.1.3 Schulung der Moderatoren

FMEA-Moderatoren oder FMEA-Methodiker führen die firmeninternen Trainingsmaßnahmen durch und stehen den FMEA-Teams als Berater zur Verfügung.

Die FMEA-Grundausbildung wird meist in externen Seminaren erfolgen, gegebenenfalls auch durch externe Berater innerhalb des Unternehmens. Ein klassisches Moderatorentraining, vor allem jedoch Erfahrungen in der Gruppenarbeit, sind neben technischem Verständnis wesentliche Voraussetzungen für den FMEA-Moderator.

6.1.4 Methodische Ausbildung der Anwender

Das Ziel der FMEA-Anwenderausbildung sollte sein, den Fachmann in Konstruktion, Technologie, Planung usw. zusätzlich mit dem Gebrauch des Werkzeuges FMEA vertraut zu machen. Nur so kann eine selbstverständliche Breitenanwendung erzielt und schließlich institutionalisiert werden.

Die Ausbildung dieses Personenkreises sollte firmenintern – vorwiegend als „Training on the Job" – erfolgen, um den Praxisbezug sicherzustellen. Zum einführenden Training werden erfahrungsgemäß zwei Tage benötigt:

- erster Tag: Grundlagen der FMEA, und
- zweiter Tag: Vorbereitung der projektbezogenen Arbeit.

Das weitere Training erfolgt sporadisch und problembezogen auf Anforderung des jeweiligen FMEA-Teams.

Unterstützend ist häufig ein allgemeines Training in Gruppenarbeit, Moderation und Präsentation vorzuschalten, um die Teilnehmer – aber auch ihre Vorgesetzten – auf die Teamarbeit vorzubereiten.

6.2 Anwendung

6.2.1 Allgemeines

Eine FMEA wird meistens nur in Sonderfällen isoliert durchgeführt. Im Allgemeinen wird sie innerhalb eines umfangreicheren Gesamtprojekts angesetzt, um wesentliche Teilprobleme zu klären.

In jedem Fall muss die FMEA offiziellen Charakter aufweisen, d.h. von einer vorgesetzten Stelle berufen werden, und es ist auch an diese Stelle zu berichten.

Zur Unterstützung sollte nach der Festlegung von FMEA-

Umfang, vom Projektverantwortlichen und vom Methodiker der sogenannte Projektstartbrief erstellt werden. Darin sind Projektgegenstand, Projektzielsetzung, Projektauftraggeber, Projektleitung, Projektdauer und Projektmitglieder festgehalten und von den zuständigen Vorgesetzten per Unterschrift bestätigt.

Die Teilnehmer werden in FMEA-Sitzungen über die Grundlagen der FMEA-Methode und über den Ablauf der FMEA-Erstellung informiert. Der Teilnehmerkreis eines FMEA-Teams kann zwischen den einzelnen Phasen der FMEA wechseln. Das Kernteam sollte im Analysenvorlauf mindestens zwei Personen umfassen, den Projektverantwortlichen und den FMEA-Moderator (Methodiker).

Beim systematischen Vorlauf müssen häufig Daten aus anderen Abteilungen oder Ressorts beschafft und strukturiert werden, und es sind Entscheidungen über die Systemgrenzen der Analyse zu treffen. Hier wird die hierarchische Kompetenz des Projektleiters benötigt, gemeinsam mit den Erfahrungen des Moderators.

Um jedoch die eigentlichen Teamsitzungen so effizient wie möglich zu gestalten, hat es sich bewährt, die Informationen zuvor mittels Checklisten abzufragen und als Basis in der ersten „großen FMEA-Runde" zu präsentieren.

Während der Teamsitzungen hat es sich als Vorteil erwiesen, wenn nur der Moderator für alle Teammitglieder sichtbar schreibt, z.B. auf Flipcharts oder via Rechner und Beamer, und die Teilnehmer die so erfassten Informationen zur weiteren Bearbeitung erhalten.

6.2.2 Unterstützende Maßnahmen

Meist wird die FMEA im Rahmen einer weiter gehenden Neuorientierung im Sinn des Total Quality Management (TQM) eingeführt. Durch das Zusammenfassen mehrerer Initiativen, die in dieselbe Richtung gehen und sich gegenseitig stützen und ergänzen, können Zeitbedarf und Anwendungen in der Einführungsphase insgesamt verringert werden. Allerdings erfordert dies Personalkapazitäten und ausreichende Qualifikation der Teilnehmer.

Die FMEA lebt vom Engagement aller Beteiligten. Um die Motivation aufrechtzuerhalten, sind Präsentationen der Teams vor der Werk- und Geschäftsleitung nach Abschluss einer FMEA ein geeignetes Mittel.

Zum Erfahrungsaustausch sowie zur Motivation haben sich regelmäßige Treffen der Projektleiter und Moderatoren bewährt, auf denen von den Erfolgen, aber auch von Schwierigkeiten und Problemen berichtet wird und Sonderfälle, neuen Anwendungen und modifizierte Vorgehensweisen diskutiert werden.

Literatur

Deutsche *Gesellschaft für Qualität (DGQ):* DGQ-Schrift 13–11: FMEA – Fehlermöglichkeits- und Einflussanalyse, Berlin 2008

Doßke, W.: Aufwand und Nutzen von Risikoanalysen, Diplomarbeit, BMW AG, München 1994 (nicht veröffentlicht)

Pfeufer, H.-J.: Fehler-Möglichkeits- und Einfluss-Analyse (FMEA), in: Hansen, W.; Jansen, H. H.; Kamiske, G. F. [Hrsg.]: Qualitätsmanagement im Unternehmen, Grundlagen Methoden und Werkzeuge, Praxisbeispiele, Berlin 2002

Schmitt, R.; Pfeifer, T.: Qualitätsmanagement, 4. Auflage, München 2010

Verband der Automobilindustrie e. V. (VDA): VDA Band 4 – Qualitätsmanagement in der Automobilindustrie, Sicherung der Qualität vor Serieneinsatz, Kapitel 3, Produkt- und Prozess-FMEA, Frankfurt am Main 2006